원은 부서지지 않는다

THE CIRCLE NEVER ENDS

THE CIRCLE NEVER ENDS

원은 부서지지
않느니라

글 · 사진 손승현

AGIBOOKS
아지

1607년 12월, 버지니아 제임스타운의 이주자 중 한 사람이었던 존 스미스^{John Smith}는 월동할 식량을 구하기 위해 치카호미니 강을 거슬러 올라가다가 원주민의 포로가 되었다. 원주민 추장 포우하탄^{Powhatan}이 스미스를 죽이려고 하자 그의 딸 포카혼타스^{Pocahontas}가 달려나와 스미스의 목을 껴안고 살려주기를 간청했다. 포우하탄은 이 뜻밖의 사태를 신의 계시로 생각하고 스미스를 죽이라는 명령을 거둠과 동시에 식량을 주어 그를 돌려보냈다. 영국인 이주자들은 이 식량 덕분에 그해 겨울을 무사히 넘길 수 있었다.

그로부터 300여 년이 흐른 1911년 8월, 캘리포니아 북쪽 새크라멘토 강 인근의 소읍 오로빌에서 한 원주민이 마을 사람들에게 붙잡혔다. 오로빌의 보안관은 바싹 야위고 기진맥진한 이 원주민을 감방에 가두고 심문을 시작했으나 그의 신원을 파악할 수가 없었다. 영어와 스페인어는 물론 가능한 여러 원주민 부족어로 말을 걸었으나 허사였다. 그의 신원의 베일이 벗겨진 것은 버클리의 캘리포니아 대학 인류학 교수들을 통해서였다. 이들이 채록해 놓은 사멸한 원주민족의 어휘 목록으로 대화를 시도한 끝에 그가 인근 랏센 산 기슭에서 살다가 집단 학살당한 야나족의 일족인 야히족임이 밝혀졌다. 야나어로 '사람'이란 뜻의 이시^{Ishi}라고 명명된 그는 캘리포니아 대학 박물관에서 4년여 동안 지내다가 1916년 3월, 문명의 병인 결핵에 감염되어 사망했다. 그의 죽음과 함께 야히족은 지구상에서 완전히 절멸되고 말았다.

백인 기독교 문명의 내습에 시달리다가 쇠망한 북미 원주민의 고난의 역사가 이 두 가지 에피소드에 압축되어 있다. 두 문명의 교류가 본격적으로 시작된 17세기 초엽만 해도 북미 대륙에는 500여 개의 서로 다른 언어를 쓰는 최소 2000만 명의 원주민이 살았다고 추정된다. 그러나 '북미 최후의 석기인' 이시가 사망한 20세기 초에는 500여 부족 중 절반에 해당하는 250여 부족이 절멸된 상태였고, 북미 대륙 전체에서 원주민 생존자는 25만 명에 불과했다. 원주민들은 낯선 이방인과의 만남이 불과 3세기 만에 이처럼 참혹한 결과를 빚으리라고는 꿈에도 상상하지 못했을 것이다. 처음에 그들은 백인 침입자들을 우호적으로 대했다. 그들은 백인들에게 길을 안내해 주고, 식량을 제공하고, 고기 잡는 법과 농사법을 일러주었다. 포카혼타스, 스콴토^{Squanto}, 사카가웨아^{Sacagawea} 등 백인의 역사 속에서 신화화된 적지 않은 원주민 인물들은 초창기의 이러한 시혜적 선린 관계를 증언한다. 그러나 양자의 우호 관계는 얼마 가지 않았다. 백인 이주자들이 낯선 환경에 익숙해지고 그 수가 늘어나자 좁은 정착지 너머로 시선을 돌려 원주민들이 대대로 살아온 삶의 터전을 넘보기 시작했기 때문이다. 원주민들은 고향을 지키기 위해 이 탐욕과 침탈에 맞설 수밖에 없었다.

그러나 이 싸움에서 원주민은 우수한 기술 문명을 앞세운 백인에게 거의 언제나 패배했다. 그리하여 전선은 서쪽으로 계속 이동해 갔다. 이주자들이 미합중국을 세워 독립할 무렵에 애팔래치아 산맥에 머물러 있던 전선은 그 후로 서진 속도가 급속하게 빨라져, 반 세기 뒤인 1830년대에는 미시시피 강으로, 이어 로키 산맥으로, 그리고 20년 뒤인 1849년에 이르러 골드러시와 함께 급기야 캘리포니아의 태평양 연안에까지 닿게 되었다.

1893년 시카고 만국 박람회를 기념하는 미국 역사학 대회에서 역사학자 프레더릭 터너^{Frederick J. Turner}는 정복과 수탈과 살육으로 얼룩진 이 싸움의 전선을 '문명과 야만의 접촉점'이라고 규정짓고, 미국사는 이 프런티어가 이동해 가는 역사, 다시 말해 미개지를 정복해 가는 문명의 전진사라고 요약했다. 그보다 앞선 1890년 전국 인구조사를 마무리하면서 미국 인구조사국은 인구밀도가 1평방마일당 2명 미만인 지역을 프런티어로 정의하고, 이제 미국에는 더 이상 프런티어 라인이 존재하지 않는다고 선언했었다. 기실 프런티어가 미국 땅에서 사라졌다는 정부의 공식적 언명은 인구통계 이상의 함의가 내포되어 있었다. 그해가 끝나가는 12월 29일, 미국 정부군은 사우스다코타 주의 운디드니에서 연방정부의 토지수용 정책에 마지막으로 저항하던 라코타족의 일족인 미네콘주족 350여 명을 무차별 학살했다. 이로써 캘리포니아가 연방에 편입된 1850년 이후 백인의 정복에 맞서 남부와 서부에서 국지적으로 전개되어온 원주민의 저항은 완전히 종식되었다.

절멸을 면하고 살아남은 원주민 부족들은 20세기에 들어서서 미국 정부가 지정한 보호구역에서 배급과 연금에 의탁한 채 외부 세계와 단절된 유폐의 생활을 이어나갔다. 그렇다고 백인의 침투가 멎은 것은 아니었다. 백인들은 방목한 소떼를 쫓아서 보호구역을 넘어오기 일쑤였고, 광석과 우라늄 혹은 석유를 찾기 위해 그들의 주거지를 파헤쳤고, 댐과 발전소를 건설한다는 명목으로 또다시 이주를 강요하기도 했다. 이런 시련 속에서도 한 세기가 흐른 오늘날 원주민 인구는 약 250만 명으로 증가했다. 그러나 그들 대다수는 여전히 절대적 빈곤에 허덕이며 백인은 물론 다른 인종 집단에 비해 몹시 열악한 생활을 하고 있다. 더욱이 정부의 '보호'에 안주한 생활이 오래 지속되다 보니 고유 언어와 문화 양식은 대부분 잊혀졌고, 전래되어온 몇몇 전통 의식마저 상업주의의 물결에 휩쓸려 관광객을 위한 구경거리로 전락하기도 했다.

서부 개척이 곧 문명의 전진 과정이라는 터너의 시각을 오늘날 그대로 수용하는 사람은 드물 것이다. 터너 자신도 그것을 백인 문명의 순수한 이식 과정으로만 본 것은 아니다. 그는 대서양을 건너온 백인 기독교 문명이 '야만'과 접촉하면서 끊임없이 쇄신되며 거듭나는 과정을 겪었음을 강조했고, 그렇기에 그것이 미국의 독특한 사회적 관습과 미국적 성격 형성의 밑바탕이라고 주장했다. 터너의 한계는 전적으로 정복자의 시선으로 그 과정을 바라본 데 있다. 하지만 백인 문명과 토착 원주민 문명의 역동적인 상호 교섭의 바른 이해가 미국사의 중심이어야 한다는 그의 지적은 오늘날에도 여전히 유효하다.

이렇게 말하는 것은 서부 정복의 역사가 국민적 기억의 큰 부분을 차지하고 있음에도 불구하고 여전히 그것에 상응하는 조명을 받고 있지 못하기 때문이다. 『정복의 유산The Legacy of Conquest』(1998)이란 뛰어난 저서를 쓴 패트리샤 넬슨 리머릭Patricia Nelson Limerick의 우려대로 서부 역사는 여전히 미국사의 변두리에 머물러 있을 뿐이다. 미국화 과정의 또다른 희생자인 흑인의 타자화 역사는 민권운동의 여파로, 또 심각한 사회적 이슈인 인종차별 문제와 결부되어 근래에 상당한 주목을 받고 있지만, 서부 정복과 그 유산에 대한 논의는 아직 충분치 못한 편이다. 그 결과 미국의 대중적 상상력에서 서부는 고독하고 용감한 개척자와 사악한 원주민의 싸움터라는 할리우드식 낭만적 아우라로 채색되어 있음을 부인할 수 없다.

　서부 개척을 식민주의 혹은 제국주의적 시각에서 새롭게 살피는 최근의 논의들은 저울추의 중심을 정복자 편에서 희생자인 원주민 편으로 옮겨 놓아 균형 잡힌 사태 파악을 촉구하고 있다. 그러나 이런 노력도 원주민 문화가 근본적으로 기록 중심의 문화가 아니라는 한계로 어려움을 겪어 왔다. 승자의 일방적인 수사修辭를 상쇄할 수 있는 패자의 증언을 구하기 어렵기 때문이다. 그렇기에 서부의 역사, 더 나아가 미국사 일반은 두 겹으로 굴절될 위험을 안고 있는 것이다. 따라서 서부에 대한 정당한 이해, 그리고 그것을 바탕으로 한 미국 사회의 심층적 이해를 위해서는 백인의 일방적인 기록이 부추긴 고정 관념, 대중적 신화, 그 독사doxa의 체계를 비판적으로 꿰뚫어보지 않으면 안 된다. 그것은 앞서 말한 대로 권력의 언어로부터 비껴선 타자의 목소리를 부활시키려는 노력과 동시에 역사적 단순화·도식화의 유혹에서 벗어날 것을 요구한다. 다시 말해 역사의 패자 편에 선 진보적 시각도 원주민을 백인 팽창주의의 희생자로만 부각시켜 역사의 과정에 그들 나름대로 주체적으로 참여한 몫을 과소평가하는 것은 아닌지 되돌아볼 필요가 있는 것이다.

　원주민과 백인의 관계는 전반적으로 폭력적인 힘의 논리에 지배되었지만, 그것은 또한 종종 대화와 타협의 관계이기도 했다. 버지니아의 포우하탄 추장과 식민자들이 평화협정을 체결한 1632년부터 미국 정부가 원주민과 더 이상 협약을 맺지 않기로 선언한 1871년까지 양자 사이에는 389번의 협약이 있었다. 라코타족의 추장 앉은소의 주장대로 그중 충실히 지켜진 협약은 거의 없다. 그러나 조약 파기의 책임이 전적으로 백인에게만 있는 것은 아니었다. 거기에는 원주민들의 내분과 갈등 또한 큰 영향을 미쳤다. 앉은소만 하더라도 7개의 부족으로 이루어진 라코타족의 추장이었고, 포우하탄은 체사피크 만^灣에 흩어져 살던 32개 부족 연맹의 수장이었다. 같은 종족에 속하더라도 이해관계에 따라 백인에게 협력하는 부족도, 저항하는 부족도 있는 것이다. 다시 말해 미국 정부에 협조한 원주민이나 무력 저항을 고수한 원주민이나 모두 나름대로의 복합적인 동기에 입각해 있기 때문에 협조자를 변절자로만 볼 수도 없고, 항쟁의 기치가 반드시 애국심의 발로만이 아닌 경우도 있는 것이다.

이는 백인 편에서도 마찬가지이다. 백인 사회 또한 '명백한 운명'을 내세워 서부 정복을 정당화하면서도 그때그때의 상황에 따라서 상반된 태도와 시각을 노정하기도 했다. 백인들도 제국주의적 침탈 정책이 사회적 양심이나 대의명분과 상치된다고 느낄 때 머뭇거리지 않을 수 없었기 때문이다. 그렇기에 거듭 말하거니와 다원적이고 복합적인 시선이 요청되는 것이다.

사진작가 손승현의 이 포토 에세이는 이런 소중한 노력의 하나이다. 더욱이 그것은 작가 자신이 사우스다코타 주의 라코타족의 후예들이 운디드니에서 학살당한 조상의 넋을 기리고 자신의 정체성을 되찾기 위해 1986년부터 시작한 '미래를 향한 말타기'에 직접 참여한 결과의 소산이다. 우리가 원주민 문화를 접한다 할지라도 그것은 대개의 경우 상품화된 의식, 관광객을 위한 스펙터클로 변질된 것이기 십상이다. 그러나 그가 여기에 보여주는 영상은 단순히 구경꾼의 그것이 아니다. 추운 날씨에 원주민 참여자들과 동고동락하면서 행사의 근본정신을 함께 되새기며 얻어진 것이기에 거기에는 깊은 공감과 이해의 시선이 어른거린다. 그의 이미지들이 남다른 감회를 불러일으키는 까닭이 여기에 있다.

미국은 그 어떤 나라보다도 중요한 우리 현대사의 파트너였다. 하지만 우리가 그런 밀접한 관계에 걸맞게 미국 사회를 잘 알고 있는지는 의문이다. 미국 사회에 대한 우리의 이해는 한미동맹이 표상하는 정치적 관계나 할리우드식 대중문화의 프리즘으로 굴절된 피상적인 차원을 넘어서지 못한다고 해도 지나친 말은 아니다. 미국은 여전히 가깝고도 먼 나라이며 친숙한 듯하면서도 낯선 사회다. 원주민 문화를 내면으로 체험한 손승현의 인상기는 이런 점에서도 귀하다. 그것은 우리 사회가 이제 피상적 이해를 넘어서서 보다 심층적이고 균형 잡힌 눈을 갖게 된 표징으로 다가오기 때문이다. 아무쪼록 이 책이 보다 많은 사람들에게 미국 사회의 실상을 주체적으로 이해하는 디딤돌이 되었으면 하는 바람이다.

신문수 | 서울대학교 교수 · 미국문학

Foreword

In December 1607, John Smith, one of the English colonists in Jamestown, Virginia, was captured by the local Native Americans while traveling upstream along the Chickahominy River to gather food for the winter. When Chief Powhatan ordered the execution of this foreigner, his daughter Pocahontas ran out and threw herself on Smith's body, begging her father to spare his life. Taking this unexpected incident as a divine sign, the chieftain took back his order and released the alien, even providing him with food. Thanks to these provisions, the English colonists were able to survive the winter.

Three hundred years later, in August 1911, in Oroville, a small town near the Sacramento River in northern California, a Native American was captured by the local residents. The sheriff of Oroville jailed and started to interrogate this exhausted, emaciated man. He tried all possible Native American languages in addition to English and Spanish, but to no avail. It was only through the aid of professors of anthropology at the University of California, Berkeley, that the mysterious Indian was finally identified. After attempting a conversation based on their vocabulary list of extinct Native American languages, the scholars realized that this man was a member of the Yahi, a branch of the Yana nation, who had lived at the foot of Lassen Peak nearby but had been massacred. Subsequently named "Ishi," which means "man" in the Yana language, he spent 4 years at the Museum of Anthropology at the University of California, San Francisco, and died in March 1916 of infection from tuberculosis, a disease of civilization. With his death, the Yahi nation was obliterated from the face of the earth.

The two episodes above epitomize the tragic history of Native Americans, who diminished as a result of the intrusion of white Christian civilization. In the early

17th century, when full-fledged exchange between the two civilizations began, North America is thought to have been home to at least 20 million Native Americans with 500 disparate languages. However, by the early 20th century, when Ishi, dubbed the "Last Stone-Age Indian in North America," died, over 250 of the some 500 original Native American nations had been annihilated, and there were only 250,000 survivors in all of North America. Native Americans would never even have dreamed that their encounter with these pale-skinned strangers would lead to such atrocious results in just three centuries. Indeed, they were friendly to white invaders at first. Native Americans guided white men, provided them with food, and taught them to fish and to farm the land. The numerous Native Americans who have been mythologized in white American history such as Pocahontas, Squanto, and Sacagawea attest to such beneficent, amicable relations in the early days. The friendly relations between the two parties did not last long, however. As they became accustomed to the unfamiliar environment and increased in numbers, white colonists began to covet and take over the land on which Native Americans had lived for generations. To protect their homeland, Native Americans had no choice but to fight back against such greed and despoliation.

In this struggle, however, Native Americans nearly always lost to white men, who were armed with the superior technology of their civilization. Consequently, the battle line continued to shift westward. Drawn along the Appalachians when white colonists broke free from British rule and founded the United States, this line moved westward at an increasing rate after independence so that by the 1830's it had shifted to the Mississippi River, then to the Rockies, finally to reach the Pacific coast of California by 1849 thanks to the Gold Rush.

At a history conference organized to commemorate the Chicago World's Fair in 1893, the historian Frederick Jackson Turner called the line of this battle, besmeared with conquest, exploitation, and slaughter, the "meeting point between savagery and civilization" and summarized American history as a history of the movement of the frontier, or one of the progress of civilization in conquering a savage land. Even before this, in 1890, in completing a national census, the United States Census Bureau had defined a "frontier" as any area with a population density of fewer than two people per square mile, declaring that there no longer existed a frontier line in America. This official statement from the United States government that the frontier had disappeared from America held more than a demographic significance. At the end of the same year, on December 29, United States government troops ruthlessly massacred, at Wounded Knee, South Dakota, over 350 members of the Minniconjou, a branch of the Lakota nation, who were among the last to continue opposing the federal government's land expropriation policy. The struggle of Native Americans against white men, which had been put up locally in the South and the West following California's admission to the Union in 1850, was finally brought to a close with this enormity.

Native American nations who had avoided extinction and survived into the 20th century continued to lead lives of banishment on their own land, out of touch with the rest of the world and dependent on rations and pensions doled out by the United States government, on the designated areas of "reservation." Nor, for that matter, was white men's infiltration quite over. White men all too often would trespass on the reservations in pursuit of the cattle they had put to graze; dug up Native Americans' abodes in search of ore, uranium, or oil; and once again forced them to relocate, on the pretext of building dams and power plants. After a century of such calamities, the Native American population has increased to approximately 2.5 million today. However, the majority still suffers from abject poverty, placed on the lowest rung of the social ladder even in comparison with other non-white populations. Moreover, due to prolonged dependence on the government's "protection," they have lost their languages and most of their cultural traditions. Even the few remaining rituals have fallen to the status of spectacles for tourists with the onslaught of commercialism.

Few today would accept Turner's view that westward expansion was the progress of civilization. Nor did he himself see the movement purely as a process of transplanting white civilization. Turner stressed that white Christian civilization had continued to change and to renew itself after its initial crossing of the Atlantic because of contact with "savagery" and that such modifications had consequently served as the basis of Americans' unique social customs and national character. His argument is problematic, however, because he viewed the process solely from the perspective of the conqueror. Nevertheless, his thesis that a correct understanding of the dynamic interaction between white civilization and Native American civilization must be the heart of American history is valid to this day.

I say this because the history of the conquest of the West, despite the large share that it occupies in the American national memory, fails to garner the spotlight that it deserves and needs. As Patricia Nelson Limerick, the author of the outstanding *The Legacy of Conquest: The Unbroken Past of the American West* (1998), has stated with concern, the West remains on the periphery of mainstream American history. The experience of African-Americans, yet another group victimized in the Americanization process, by comparison, has won considerable attention as a result of the civil rights movement and in relation to racial discrimination, which continues to be a serious social problem. On the contrary, the conquest of the West and its legacy have yet to be discussed in full. It is difficult to deny that, consequently, the West in the American popular imagination is still colored by Hollywood's romanticized aura and seen as the site of struggle between lonely, brave white pioneers and evil "Injuns."

Recent discussions that examine the opening of the West in terms of colonialism or imperialism urge us to see the situation from a balanced perspective by placing the focus not on the conquerors but on the conquered, the Native Americans. However, even such efforts have been limited by the fact that Native American cultures were fundamentally oral. Without records, it is difficult to obtain the testimony of the defeated that can cancel out the victors' one-sided rhetoric. This is why the history not only of the West but also of the United States is liable to double distortion. We must therefore examine the system of doxa, the idées fixes and popular myths incited by white men's one-sided records, if we are to grasp the West correctly and to arrive on the basis of such an understanding at in-depth knowledge of American society. Such a task includes and demands, as I have mentioned above, the effort to resurrect the voices of the others who have been marginalized and silenced by the language of power and, at the same time, to resist the temptation of historical simplification and schematization. In other words, even progressive stances on the side of history's losers can unwittingly depreciate Native Americans' active, autonomous participation in the historical process by depicting them solely as the victims of white expansionism.

Although it has been dominated largely by a logic of violent force, the relationship between Native Americans and white men has at times been one of dialogue and compromise as well. From 1632, when Chief Powhatan and English colonists in Virginia contracted a peace treaty, to 1871, when the United States government decided no longer to contract such treaties with Native Americans, a total of 389 treaties were signed between the two parties. As the Lakota chieftain Sitting Bull argued, almost none of these treaties were faithfully adhered to. However, the responsibility for breaching the treaties did not lie solely with white men, either. Internal conflict and dissension among Native Americans had a considerable effect as well. Sitting Bull himself was the chieftain of the Lakota nation, which consisted of seven branch nations; Powhatan was the head of a federation of 32 nations spread out in the Chesapeake Bay area. Consequently, depending on their respective self-interest, even branches ultimately belonging to the same nation could either collaborate with or resist against white men. In other words, because Native Americans who collaborated with or maintained armed resistance against the United States government were all acting on complex motivations, collaborators cannot be seen solely as traitors and resistance may not always have been motivated by tribal loyalty.

The same holds true for white men as well. While citing "Manifest Destiny" to justify its conquest of the West, white society at times has betrayed contradictory attitudes and perspectives depending on the situation. This was because white men could not but hesitate when they felt that their policy of imperialistic aggression went against social conscience or the cause of justice. A pluralistic and complex viewpoint is therefore all the more needed, as I have stressed above.

This volume of photo essays by photographer Mr. Sohn Seung-hyun is one fruit of such invaluable efforts. Moreover, it is the product of the artist's personal participation in "Omaka Tokatakiya," a 15-day horse riding event begun in 1986 by the Lakota nation of South Dakota to commemorate the spirits of their ancestors massacred at Wounded Knee and to recover their identity. Even when we do come in contact with Native American cultures, they are usually likely to be distorted-commercialized rituals and spectacles for tourists. The images that Mr. Sohn presents in this book, however, are more than those by a mere bystander. Because they are the fruit of his participation in the event despite the cold weather and his sharing of joy and sorrow with the Native Americans, with due respect for the spirit behind the event, these images betray deep empathy and understanding. This is why they are so moving.

The United States has been Korea's foremost partner throughout the modern era. Despite such close relations, however, it is doubtful whether we are as knowledgeable of American society as we should be. Indeed, it would be no exaggeration to say that our understanding of American society focuses either on political relations as represented by the Korean-American alliance or on superficial images distorted through the prism of pop culture such as Hollywood. America remains a close yet far country, a familiar yet unfamiliar society. That is why these sketches by Mr. Sohn, who personally experienced Native American cultures, are all the more valuable. This volume seems to be a signal that Korean society, at last, has moved beyond such superficial understanding and come to have a deeper, more balanced perspective. I strongly hope that this book will serve as a stepping-stone for many people in grasping the reality of American society on their own.

Shin Moonsu
Professor of American Literature, Seoul National University

미국 원주민 비사 悲史
Tragic History of Native Americans

"미국 원주민을 제외한 모든 사람에게 평등한 권리를 부여한다." 1868년에 발표한 미합중국 헌법의 수정 조항 가운데 이런 대목이 들어 있다. 콜럼버스의 대륙 발견 이후 200~500만 명으로 추정되는 북미 원주민은 유럽에서 유입된 수많은 전염병에 노출되고 백인과의 전쟁에 동원되었으며, 백인문화의 동화정책에 의한 박해 및 토지 수탈에 시달렸다. 이후, 원주민이 최종 항복을 선언한 1890년에는 겨우 10만 명으로 그 수가 줄어들었다.

"All People are equal except Native Americans." This phrase was stated in the Supreme Court of Law of the USA in 1868. After Columbus' discovery of the continent, the number of Native Americans, which once reached up to 5 millions, started to diminish while being exposed to various epidemics from Europe and mobilized to white men's wars. Native Americans also suffered from severe assimilation policies and exploitation of white men. The number of total Native Americans reached 100,000 in 1890, which was the year Native Americans surrendered to white men after years of battle.

500

시대별 인구 단위: 만 명
number of people every twenty years

유럽에서 유입된 인구 단위: 만 명
number of people immigrated from Europe

백인이 수탈한 영역
territory occupied by white men

원주민들이 자유롭게 활동했던 영역
territory originally belonging to Native Americans

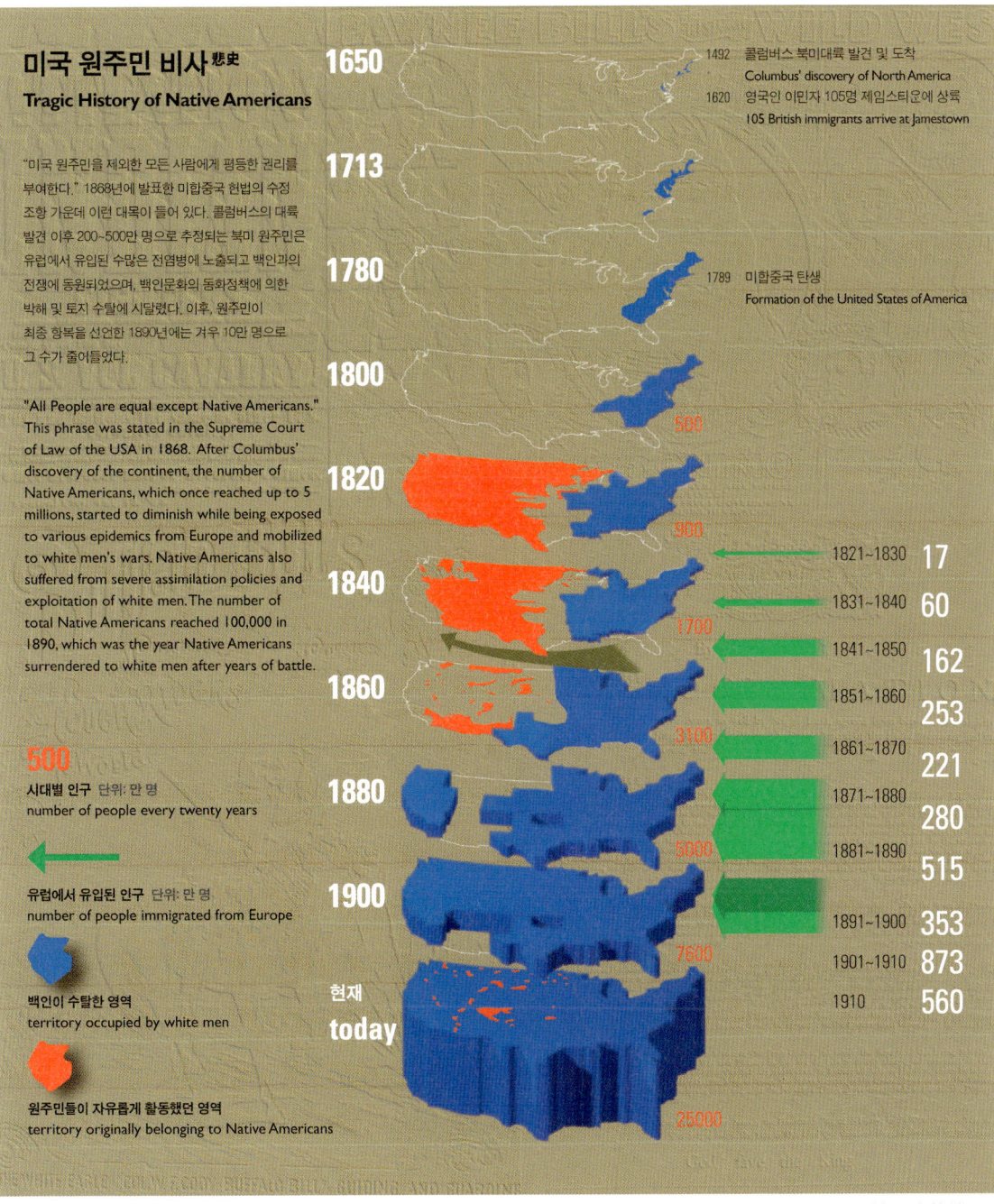

1650	1492	콜럼버스 북미대륙 발견 및 도착 Columbus' discovery of North America
	1620	영국인 이민자 105명 제임스타운에 상륙 105 British immigrants arrive at Jamestown
1713		
1780	1789	미합중국 탄생 Formation of the United States of America
1800	500	
1820	900	
1840	1700	1821~1830 17
		1831~1840 60
		1841~1850 162
1860	3100	1851~1860 253
		1861~1870 221
1880	5000	1871~1880 280
		1881~1890 515
1900	7600	1891~1900 353
		1901~1910 873
현재 today	25000	1910 560

© Matsuda Yukimasa

바람결에 당신의 음성이 들리고

당신의 숨결이 자연에게 생명을 줍니다.

나는 당신의 수많은 자식들 중에

힘없는 조그만 어린아이입니다.

내게 당신의 힘과 지혜를 주소서.

나로 하여금 아름다움 안에서 걷게 하시고

내 눈이 오랫동안 석양을 바라볼 수 있게 하소서.

당신이 만드신 모든 만물들을 내 두 손이 존중하게 하시고

당신의 말씀을 들을 수 있도록 내 귀를 열어주소서.

당신이 우리 선조들에게 가르쳐준 지혜를

나 또한 배우게 하시고

당신이 모든 나뭇잎, 모든 돌 틈에 감춰둔 교훈들을

나 또한 깨닫게 하소서.

다른 형제들보다 내가 더 위대해지기 위해서가 아니라

가장 큰 적인 나 자신과 싸울 수 있도록

내게 힘을 주소서.

나로 하여금 깨끗한 손, 똑바른 눈으로

언제라도 당신에게 갈 수 있도록 준비시켜 주소서.

그리하여 저 노을이 지듯이 내 목숨이 다할 때

내 혼이 부끄럼 없이 당신 품 안으로 돌아갈 수 있도록

나를 이끌어 주소서.

자연과 사람을 위한 기도문 수우족 구전 기도문

일러두기

1. 이 책에서는 '인디언' 대신 오늘날 학계 및 문화계의 흐름에 따라 '원주민Natives'이라고 쓰고자 한다.
   단, 몇몇 기관명이나 관용적으로 굳어진 곳에서는 예외를 두었다.
2. 이 책에 나오는 원주민 이름은 번역하되 그밖의 외국 인명과 지명은 발음대로 표기하였다.
3. 이 책에 인용된 원주민의 속담과 노래의 출처는 다음과 같다:
   p.43, p.57, p.116, p.117, p.225, p.277, p.301, p.305: 성난말의 글, p.313 – 『나를 운디드니에 묻어주오』(2002, 나무심는사람)
   p.79 – 『검은고라니는 말한다』(2002, 두레)
   p.187 – 『내 이름은 용감한새』(2004, 두레)
   p.263 – 『분노의 그림자』(1999, 삶인)
   p.305: 성명서 – 『아메리카 인디언 투쟁사』(2003, 메드라인)
   그밖의 인용문들은 자체 번역에 따른 것이다.
4. 『 』는 단행본 제목에, 〈 〉는 잡지 및 기타 작품명에, " 는 사진설명에, " §: 는 각주에 사용하였다.
   단, 출처를 명기할 때, 번역하지 않은 원서의 제목은 이탤릭체로 표기하였다.

차가운 물속을 걷다

해마다 12월이면 미국 사우스다코타 주에서는 말들이 힘차게 겨울 평원을 내달린다. 열 명 남짓의 기수들이 말을 타고 들판을 가로지르는 것으로 시작해 나중에는 수백 명이 눈 덮인 평원에 뜨거운 기운을 몰고 간다. 주변은 온통 말발굽 소리로 진동한다. 설원을 달리던 무리가 먼 지평선 너머로 사라지고 그 울림이 적막으로 변할 때면 방금 전의 그 공명은 지나간 이들이 하늘과 소통하는 순간이 아니었을까 생각하게 된다.

이 책에 소개되는 '미래를 향한 말타기Future Generation Ride'는 오늘날 미국 원주민들이 지내는 조상에 대한 제의다. 1800년대 백인들에 맞서 싸웠던 원주민 선대의 뜻을 기리고 그들의 영혼을 달래는 취지에서 시작된 이 행사는 이제 원주민들의 공식적인 연례의식으로 자리잡았다. 말을 타며 진행되는 이 행사는 매년 12월 15일 원주민 추장들이 연이어 죽임을 당한 현장인 노스다코타의 스탠딩록 보호구역에서 시작되며, 여정은 총 500킬로미터에 이른다. 오늘날 이 말타기 행사는 자라나는 원주민들에게는 조상들의 아픔을 배우고 자신의 정체성을 찾아나가는 시간이며, 기성세대 원주민들에게는 미국 사회에서 발언권을 키워 나가며 조상들의 독립정신을 계승해 나가는 계기가 된다. 행사의 기원과 역사적 맥락을 살펴보면 다음과 같다.

1890년 12월의 마지막 1주일 큰발^{Big Foot} 추장은 부족민을 이끌고 150마일을 걸어 파인 리지를 향해 내려간다. 이유인즉, 얼마 전 12월 15일, 또 한 명의 대추장인 앉은소^{Sitting Bull}가 원주민 경찰에게 사살당한 사건이 일어났기 때문이다. 소식을 접한 큰발 추장은 미군의 위협을 감지하고 피신처를 찾기 위해 미군과 비교적 우호적인 관계를 유지하고 있는 붉은구름^{Red Cloud} 추장을 찾아가기로 결정한다. 그러나 이들 일행은 여행 도중 12월 28일 운디드니 근처의 샛강에서 새뮤얼 위트사이트 대장이 이끄는 미국 제7기병대에 체포된다. 그리고 다음 날 아침 결국 그곳에서 학살당한다. 공교롭게도 이곳은 그로부터 13년 전인 1877년 위대한 추장 성난말^{Crazy Horse}이 묻힌 장소이기도 하다.

큰발 추장 일행이 운디드니를 지날 때 제7기병대 군인 500여 명은 이미 이곳을 포위하고 있었다. 미군에게 체포당한 큰발 추장과 부족민들이 야외 캠프에서 하루를 보내는 동안 제임스 포시스 장군에 의해 원주민 티피 주변에 기관총 4정이 설치되었다. 다음 날 아침 미군이 원주민들을 무장해제하는 도중 사소한 다툼 끝에 총소리가 났고 동시에 미군의 발포가 시작되었다. 총성이 그치자 거의 모든 부족민이 흰 눈밭 위에 쓰러졌다. 원주민들이 무기를 숨기고 있을 거라며 미군이 찾고자 했던 총은 겨우 두 자루밖에 나오지 않았다. 부족민 350명 가운데 250명이 여자와 어린아이였고, 이들을 포함해 300명 이상이 희생되었다. 학살이 끝나고 눈보라가 몰아치자 미군은 쓰러진 큰발 추장과 부족민들을 두고 떠났다. 그리고 다음 해인 1891년 1월 초 매장을 위해 돌아왔을 때 시체들은 끔찍한 모습으로 얼어버린 채 눈밭 위에 널려 있었다. 군인들은 큰 구덩이를 파고 얼어붙은 시신을 집단 매장했다. 이것이 '운디드니 학살'이라고 불리는 사건의 전모다.

운디드니 학살이 있은 후 몇십 년이 지난 1968년 겨울과 1969년 사이, 명사수버질^{Birgil Kill Straight}이라는 한 원주민 청년은 반복되는 꿈에 시달리고 있었다. 큰발 추장이 지나갔던 길을 여러 원주민들과 함께 걷는 꿈이었다. 소년 버질이 이야기를 아버지에게 들려주자 그의 아버지는 조상들께 제례를 올리자고 제안했다. 이렇게 시작된 이들 부자의 제사는 오늘날 말타기 행사의 기원이 되었다.

하지만 버질은 이후 1982년부터 3년 동안 똑같은 꿈을 다시 꾸게 된다. 결국 그는 주술사를 찾아가 꿈 이야기를 전한다. 그는 주변 사람들과 상의한 끝에 조상들의 영령을 위한 제례 행사로서 1986년 12월 22일 샤이엔 강 보호구역에 있는 브리저에서 17명의 기수와 더불어 큰발 추장이 지나간 길을 따라 달리게 된다. '큰발 추장 추모 말타기 Chief Big Foot Memorial Ride'라고 불리며 5년 동안 계속된 이 행사는 운디드니 학살 100주년이 되던 해인 1990년에 수천 명의 부족민이 운집한 가운데 정점을 이룬 후 긴 일정을 끝낸다.

이후 이 행사는 새로운 젊은 지도자에 의해 맥을 잇게 된다. 1988년 스탠딩록 보호구역의 지도자 천둥말을가진론 Ron, His Horse is Thunder 의 제안으로 여러 다른 부족의 지도자들이 모여 본래 루트인 브리저에서 운디드니까지의 150마일에다 스탠딩록 보호구역의 앉은소 캠프를 이어 총 300마일의 새 루트를 정했다. 1991년 한 해를 쉰 뒤 1992년 다시 시작된 이 여행을 오늘날 원주민 사회에서는 '오마카 토카타키야 Omaka Tokatakiya, 미래를 향한 말타기'라고 부른다. 이 말타기 여행은 영하 20~30도의 혹한 속에서 2주간이나 계속된다. 겨울에 열리는 원주민 제의인 만큼 사람들은 이를 '겨울 선댄스'라고도 부른다. 연말과 크리스마스 시즌을 편안하게 보내는 보통 미국인들과 달리 이들은 차가운 체육관이나 야외에서 불을 피우고 몸을 녹이며 이 기간을 견뎌내는 것이다.

미래를 향한 말타기라는 정식 명칭이 붙은 지 14년이 되는 2005년에 나는 그동안 들어만 보았던 이 행사에 몸소 참여할 수 있었다. 보름간의 여정에 동참하면서 나는 현재 미국 땅에서 살고 있는 오늘의 원주민의 모습을 엿볼 수 있었다. 이 행사는 형식적으로는 하나의 제의지만 원주민의 역사와 문화 그리고 정신세계를 보여주는 미국 원주민 생활사의 축약본이라 할 수 있다.

2002년 여름, 사진 공부를 위해 뉴욕으로 유학길에 오를 때만 해도 나의 주된 관심사는 해외동포들의 삶이었다. 한국에서 1999년부터 시작된 사계절 출판사의 「한국생활사박물관」 시리즈에 참여하면서 우리 역사에 눈이 뜨이게 되었고 점차 한국의 살아 있는 과거를 품고 있는 해외동포들에까지 관심이 미쳤다.

행운이었을까. 유학을 떠난 이듬해인 2003년은 한국인 미국 이민 100주년이 되는 해이기도 했다. 낯선 땅에 정착해야만 했던 그들의 이야기가 내심 궁금해졌다. 더불어 사회의 바깥에 머물며 살아가는 마이너리티들의 삶도 들여다보고 싶어졌다. 한 가지 놀라웠던 사실은 흑인 민권운동이 큰 성과를 이루어 뉴욕만 해도 동양계를 비롯한 유색인종의 전반적인 인권이 크게 신장되었으며 그 덕분인지 더 이상 인종차별로 인한 사건은 찾아볼 수 없었다는 점이다.

미국 내 한인 동포 그리고 사회적 소수자들과 그들의 운동에 대한 관심은 고 임순만 선생님*을 만나게 되면서 미국 원주민들의 역사와 현실로 이어졌다. 임 선생님은 1953년 미국에 건너가 평생을 인권운동에 헌신하신 분으로 본래 전공은 세계 천민 연구였다. 유럽의 집시, 인도의 수트라, 한국과 일본의 백정 계층§ 등이 그의 주된 관심사이자 연구대상이었다. 그와의 만남은 자연스럽게 미국 내 마이너리티인 원주민들에 대한 관심으로 이어졌다. 임 선생님이 한창 활동할 당시인 1992년, 유럽연합은 그 해를 콜럼버스의 아메리카 대륙 발견 500주년으로 기념하고 있었다. 물론 이에 반대하여 원주민들은 UN 빌딩 앞에서 이 계획이 철회될 때까지 시위를 했다. 묘한 아이러니가 아닐 수 없다. 뒤에 다시 나오겠지만 콜럼버스의 대륙 발견은 한 인종에겐 신의 선물일 수 있었으나, 다른 한 편에게는 재앙이었다. 현재 관점으로 보았을 때 콜럼버스의 발견은 문화의 다층화와 다양화가 아니라 획일화와 제국주의 정책의 발로였던 셈이다.

미국 원주민들을 위해 봉사하시는 임 선생님을 보면서 원주민 보호구역에 들어가 그들의 생활상과 문제를 들여다보고 싶다는 바람이 생겼고, 선생님의 도움으로 드디어 나의 미국 원주민 프로젝트를 시작하는 첫 발판에 올랐다. 그리고 2003년 미국 원주민 거주 지역 탐방의 첫 방문지로 원주민 보호구역 중 하나인 파인리지 보호구역의 운디드니를 가게 되었다. 여기는 미국 원주민의 위대한 추장 중 한 명인 성난말과 큰발 일행이 함께 묻힌 곳이기도 하다.

이 프로젝트를 진행하는 동안 나는 많은 원주민들을 만났고 그들의 과거와 현재에

---

* 1964~1968년 미국 동부 최초의 한인교회인 뉴욕한인교회의 제8대 담임목사를 역임했다. 그후 1971~1997년 뉴저지 주립 윌리엄페터슨 대학교에서 사회학 교수로 재직했다. 2006년 3월 4일 숙환으로 별세했다.

§ 유목민족으로서 한국에는 고려시대에 흘러 들어와 전국을 유람하며 생활했다. 조선시대에 이들은 하층계급으로 분류되었고 이들과의 혼인은 기피 대상이었다. 주로 풍악을 울리고 잡가를 부르고, 춤을 추며 생활했다고 한다.

대해서 알게 되었다. 한때 아메리카 대륙을 수놓았던 원주민들은 1492년 유럽인들이 상륙하기 전까지 약 500개 부족이 대륙 전역에 흩어져 평화롭게 살고 있었다. 그 후 백인들의 침략과 학살로 400년 동안 250개 부족은 완전히 멸족되었고 나머지는 오늘날 274개의 보호구역에 분산 수용되어 삶을 이어가고 있다.

오늘날 미국에서 가장 궁핍한 지역이 바로 원주민 주거지역이다. 원주민에 관해 우리가 일반적으로 아는 지식들 중 왜곡된 것들은 미국 정부의 원주민 정책에 의한 것이다. 미국의 각 주에서 법으로 금지된 일들이 보호구역 경계 안에서는 별 탈 없이 벌어지고 묵인된다. 핵 폐기물 저장고와 우라늄 광산이 들어서고 마약 거래가 횡행하며 복지시설이 거의 전무한 곳에 원주민들은 방치되어 있다. 보건 문제 또한 심각하다. 원주민의 과반수가 당뇨, 스트레스성 고혈압 등에 노출되어 있는 것이다. 더불어 약물 중독, 알코올 중독, 자살률 및 영아 사망률 또한 미국에서 최고 수치를 기록하고 있다. 이를 감안한다면 파인리지 보호구역의 원주민 평균수명이 남성 48세, 여성 52세라는 사실은 그리 놀라운 것이 아니다.

자신들의 전통적인 생활방식을 거세당한 채 살아가는 이들에게 1년에 한 번씩 열리는 미래를 향한 말타기는 일종의 구원 의식과 같다. 실제로 많은 이들이 이 행사를 통해 마약이나 알코올 중독을 극복했으며, 그 회복률은 80퍼센트에 이른다. 이들은 300마일의 긴 여정을 가면서 가슴 속에 저마다 소망을 지니고 달린다. 미국 원주민 지도자들은 미래를 향한 말타기가 원주민 정체성의 소중함을 일깨우는 의미를 가진다고 설명한다. 그 때문일까. 최근에는 많은 성인 원주민들이 아이들과 함께 이 행사에 참여하고 있다.

미래를 향한 말타기는 1970년 이후 시작된 미국 원주민 운동^{American Indian Movement}과 맥을 같이한다. 이 운동은 미국 원주민의 정체성을 찾는 고단하고 치열한 걸음의 시작이었다. 그들은 억압으로부터 자유를 선언했고 자기들을 억누르던 제도와 법에 대해 '이제 그만'이라고 외치며 독립을 갈구했다. 많은 희생이 뒤따랐지만 그들은 미래를 준비하기 시작했고 '나는 누구인가'라는 자문에 대한 답을 만들어 갔다. 미래를 향한 말타기는 이같은 소리 없는 미국 원주민 운동의 연장인 셈이다.

2003년 겨울 처음 방문한 운디드니의 눈덮인 들녘에서 나는 큰발 추장의 흔적을 찾으려는 듯 계속 땅을 내려다보며 다녔다. 함께 온 원주민 친구들은 도착하자마자 소리를 지르면서 말을 타고 미친 듯이 들판을 질주했다. 이제는 그 이유를 알 것 같다. 그곳엔 아름다운 한 부족의 꿈이 고스란히 묻혀 있다. 미국 원주민뿐 아니라 오늘날 소수 단위 민족들은 몇몇 강대국의 이해관계에 얽혀 아슬아슬한 운명을 유지하고 있다. 이 소수 공동체를 기록하는 일이 이들을 안타까운 상황에서 구할 순 없겠지만 그 속엔 중요한 이야기가 들어 있다. 이 이야기는 새로운 진실을, 잊혀질 사람들의 삶을 남길 것이다.

'미타큐예 오야신^{Mitacuye Oyasin}'이라는 말은 미국 원주민들의 한 부족인 라코타족이 흔히 쓰는 표현으로, '우리는 모두 동족이다^{We are all related}'라는 뜻을 지녔다. 자연, 인간, 동물 모두를 존중하며 살았던 원주민의 삶과 철학을 나타내는 말이다. 이런 그들이 왜 오늘날 이토록 궁핍하게 살 수밖에 없게 되었을까. 조상의 혼을 기리고 자신들의 빼앗긴 주권과 정체성을 찾아 나가는 미래를 향한 말타기에 동참해 그들의 한맺힌 과거를 되돌아보고 오늘날 원주민의 삶을 들여다보았다. '차가운 물속을 걷다^{Walking in Cold Water}'는 원주민들이 선사해 준 나의 라코타식 이름이다.

RESERVATION IN THE UNITED STATES
Map Source: The U.S. Census Bureau.

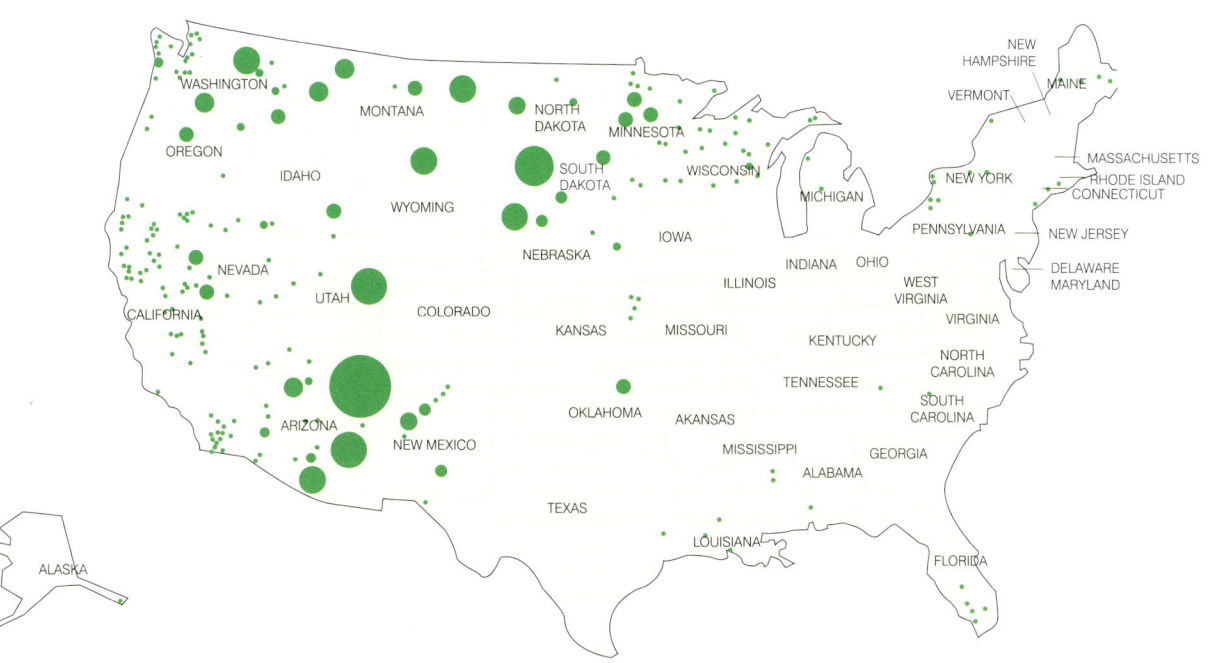

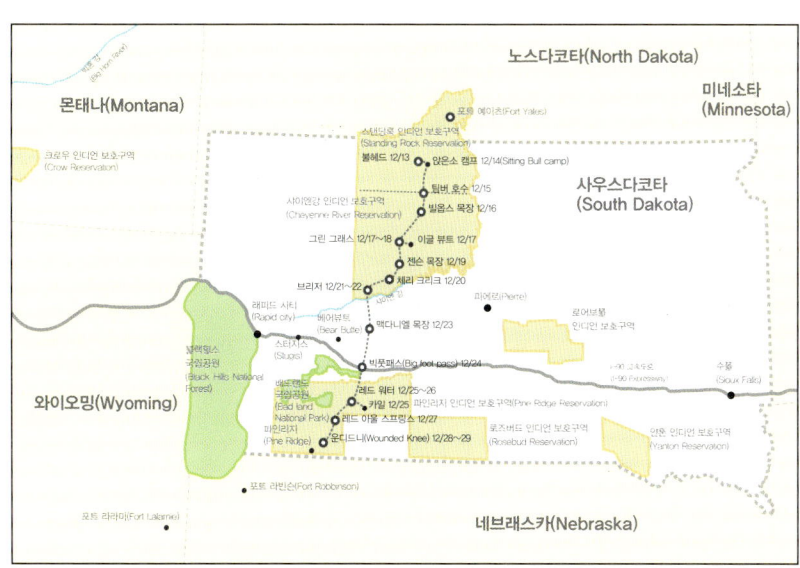

2005년 미래를 향한 말타기 여정과 인근 지역
2005 Omaka Tokatakiya-Future Generation Ride

Prologue

Walking in Cold Water

Every December, sturdy horses break into a fierce gallop across the winter plains in South Dakota, United States. While some ten riders ride across the field at first, several hundred soon follow, trailing a cloud of hot breaths on the snow-covered prairies. The surroundings boom with the clatter of hooves. By the time the group that was rushing across the snowfield a moment ago disappears beyond the distant horizon and their echo turns into silence, you start to wonder whether the reverberations that you just heard weren't in fact communications with heaven itself.

The "Future Generation Ride" introduced in this volume is a ritual performed by Native Americans today to remember their ancestors. Begun to commemorate their forefathers, who had fought against white men in the 1800's, and to appease their souls, it has become an official, annual event for Native Americans. Conducted on horseback, this event starts every December 15 on the Standing Rock Indian Reservation in North Dakota, where Native American chieftains were murdered in succession, and covers a distance of approximately 311 miles. Today, this horseback riding event serves as an opportunity for young Native Americans to find their cultural identity and for older Native Americans to raise their voices against mainstream American society and to remember their ancestors' spirit of independence. The historical context and origins of the event are as follow.

During the final week of December 1890, Chief Big Foot, together with his people, walked down to Pine Ridge, covering a distance of 150 miles. This was because, earlier, on December 15, Sitting Bull, another great chieftain, had been shot to death by the government-affiliated Native American police. Hearing the news, Chief Big Foot felt possible threat from American government troops and therefore decided to seek refuge with Chief Red Cloud, who was on relatively good terms with the United States military. However, he and his tribesmen were arrested on December 28 at a creek near Wounded Knee by Major Samuel Whitside and his detachment of the Seventh Cavalry. The next morning, they were massacred in the same spot. By coincidence, it was also here that, 13 years before, in 1887, the great chieftain Crazy Horse had been buried.

When Chief Big Foot and his people were passing Wounded Knee, the some 500 members of the Seventh Cavalry had already surrounded the area. While the arrested Chief Big Foot and his tribesmen were spending the night in a camp, Colonel James Forsyth ordered four Hotchkiss guns to be placed around the Native Americans' tepees. During the American soldiers' disarmament of the Native Americans next morning, there was a gunshot after a minor skirmish between the two parties. Then the United States troops opened fire. By the time gunfire ceased, nearly all tribesmen had fallen on the snowfield. Although the American military's pretext for the arrest and disarmament had been hidden weapons, only two guns were found among the Native Americans. Out of the 350 tribesmen, 250 were women and children, and over 300, including them, were murdered. When a snowstorm arose after the massacre, the United States troops left, abandoning the bodies of Chief Big Foot and his tribesmen. When they returned in early January 1891 for burial, the bodies were still strewn on the ground, frozen in their last moments of horror and pain. The soldiers then dug a large hole and dumped all the bodies in it. This is what has come to be known as the "Wounded Knee Massacre."

Between winter 1968 and 1969, scores of years after the Wounded Knee Massacre, a young Native American named Birgil Kill Straight was suffering from a repeated dream. In the dream, he would be following, together with other Native Americans, the path that Chief Big Foot had trod. Upon hearing the story of this dream, the boy's father suggested that they perform rituals to commemorate their ancestors. Thus begun, these commemorative rituals paved the way for the horse-riding event today.

However, Birgil once again had the same dream for 3 years from 1982. He finally told a medicine man of his dream, and, after discussion with those around him, decided to retrace Chief Big Foot's path on December 22, 1986, together with seventeen other riders and starting in Bridger, Cheyenne River Indian Reservation, to appease the ancestors' spirits. Dubbed the "Chief Big Foot Memorial Ride" and continued for 5 years, this event came to a climactic conclusion in 1990, the centennial of the Wounded Knee Massacre, with the participation of several thousand Native Americans.

From then on, this event was continued by new, young leaders. In 1988, at the suggestion of Ron, His Horse Is Thunder, the leader of the Standing Rock Indian Reservation, leaders of other tribes gathered to change the original route, which covered 150 miles from Bridger to Wounded Knee, so that it now covered 300 miles, encompassing Sitting Bull's Camp on the Standing Rock Indian Reservation. Paused in 1991 but resumed in 1992, this trip is called "Omaka Tokatakiya^Future Generation Ride" in Native American society. This horseback journey continues for 2 weeks in the bitter cold of -4° F to -22° F. Because the event is held in winter, some have also dubbed it the "Winter Sun Dance." Unlike most Americans, who spend Christmas and the New Year's Day in comfort, Native Americans withstand this period by making a fire in cold gyms or outdoors to warm themselves.

In 2005, 14 years after the creation of the official title "Future Generation Ride," I finally had a chance to take part in this event, which I had heard of so much. During the 2-week period, I was able to have a glimpse of Native Americans' lives today. Even though it is in form a ritual, the event is in fact a microcosm of Native Americans' lives, demonstrating their history, culture, and spiritual world.

When I boarded a plane to study photography in New York City in the summer of 2002, my main interest lay in the lives of Korean immigrants. Participation in the *Museum of Everyday Life* series published by Sakyejul Publishing, Ltd. since 1999 had opened my eyes to Korean history, in turn expanding my interest to include ethnic Koreans abroad, who remembered and represented the living past.

It may have been luck. 2003, a year after my departure for studies in the United States, marked the 100th anniversary of Korean immigration to America. I became curious about the stories of these people, who had had to settle down in an unfamiliar land. At the same time, I wanted to learn about the lives of minorities who were living on the boundary of mainstream society. One thing that surprised me was that, thanks to the fruit reaped by the African-American civil rights movement, the human rights of non-white peoples including Asians in New York City had improved considerably so that there no longer were accidents due to racial discrimination.

After I met the late Mr. Rhim Sun-man *, my interest in Korean immigrants and social minorities in the United States as well as their movements led to the history and reality of Native Americans. Having immigrated to the United States in 1953 and devoted all his life to the human rights movement, Mr. Rhim had originally specialized in outcast communities of the world. The Gypsies of Europe, Sudras of India, and butchers of Korea and Japan had been his main focus and interest. This encounter naturally sparked in me an interest in Native Americans, who are minorities in the United States.

* He served as the 8th pastor of the Korean Church and Institute, the first Korean church to be established on the East Coast of the United States. After serving this church during 1964-68, he taught sociology at William Peterson University of New Jersey during 1971-97. He passed away on March 4, 2006 due to a chronic illness.

In 1992, when Mr. Rhim had been actively conducting research, the European Union had decided to celebrate the year as the 500th anniversary of Christopher Columbus' "discovery" of the Americas. Of course, opposed to such an idea, Native Americans had demonstrated in front of the United Nations building until the plan had been scrapped. What an irony. I will discuss this again later, but Columbus' "discovery" of the continents spelled disaster for one race even though it may have been a blessing to another. Looking back, his "discovery" was the beginning not of cultural diversification but of cultural homogenization and assimilationism as well as the manifestation of imperialistic policy.

Watching Mr. Rhim work for Native Americans, I increasingly wanted to experience and to observe these peoples' lives and problems on Indian reservations. Thanks to his help, I was finally taking the first step toward my own Native American project. And, in 2003, I had an opportunity to visit Wounded Knee on the Pine Ridge Indian Reservation as the first site of my exploration of Indian reservations. Not coincidentally, it is here that the remains of Big Foot, mentioned above, as well as Crazy Horse, yet another great Native American chieftain, rest.

In the process of working on this project, I met countless Native Americans and got to know of their past and present lives. Some 500 nations peacefully coexisted all over the continent before Europeans' arrival in 1492. After that fateful year, 250 nations became extinct over the next four centuries due to white men's invasion and genocide. The survivors live on, divided and committed to 274 Indian reservations.

The most impoverished areas in the United States today are in fact the Indian reservations. Most of our misconceptions about Native Americans stem from the United States government's policy on these peoples. Things that are prohibited by state laws are condoned on Indian reservations. Native Americans are carelessly left to fend for themselves in places where nuclear waste storage facilities and uranium mines are established, drug trafficking is rampant, and welfare facilities are nearly nonexistent. Health problems are equally critical. The majority of Native Americans are exposed to diabetes and stress-induced high blood pressure. Moreover, drug abuse, alcoholism, suicide as well as infant mortality rate are the highest among these peoples than in any other population group in the United States. Considering all of this, it should be no surprise that the average lifespan should be 48 for men and 52 for women on the Pine Ridge Indian Reservation.

For these peoples, who have been bereft of their traditional ways of life, the annual "Future Generation Ride" is akin to a ritual of salvation. Indeed, many have overcome drug abuse or alcoholism through participation in this event, and the recovery rate amounts to 80%. During the long, 300-mile trip, they each grow a seed of hope in their hearts. Native American leaders explain that the "Future Generation Ride" is significant because it awakens in participants the value of their cultural identity. Perhaps for this reason, recent years have seen an increase in adults who take part in the event together with their children.

The "Future Generation Ride" is a natural outgrowth of the American Indian Movement, which arose in the 1970's. Indeed, the movement signaled the first difficult but determined step in recovering Native Americans' identity. These peoples declared freedom from oppression and sought political liberation, saying "no" to institutions and laws that had hitherto repressed them. Even though this called for a great deal of sacrifice, these peoples began to prepare their own future and to create an answer to the question "Who am I?" The "Future Generation Ride," then, is an extension of this silent yet loud Native American Movement.

On my first visit to the snow-covered plains of Wounded Knee in the winter of 2003, I kept staring down at the ground, as if in search for traces of Chief Big Foot. The Native American friends who had accompanied me screamed and raged across the open country on horseback once they arrived. Now, I think I understand why they acted the way they did. In those plains, the dreams of a beautiful people are buried intact. In the world today, not only Native Americans but also small ethnic groups and countries precariously maintain their identities and lives in the face of a few superpowers and their interests. Even though the act of recording the history and lives of such minority communities most likely won't save them from heartbreaking circumstances, records like this have important stories to tell. And the story in this book will bequeath to posterity a new truth and the lives of people who otherwise would be forgotten.

An expression frequently used by the Lakota, one of the Native American nations, "Mitacuye Oyasin" means "We are all related." It expresses these people's lives and philosophy, which respect nature, humans, and animals alike. Why, then, have they declined to such impoverishment today despite such beliefs? By taking part in the "Future Generation Ride," which Native Americans hold to commemorate the souls of their ancestors and to recover their sovereignty and self-identity, I have looked back upon their sorrowful past and had a glimpse of their lives today. "Walking in Cold Water" is the Lakota name that Native American friends honored me with.

Sohn Seung-hyun

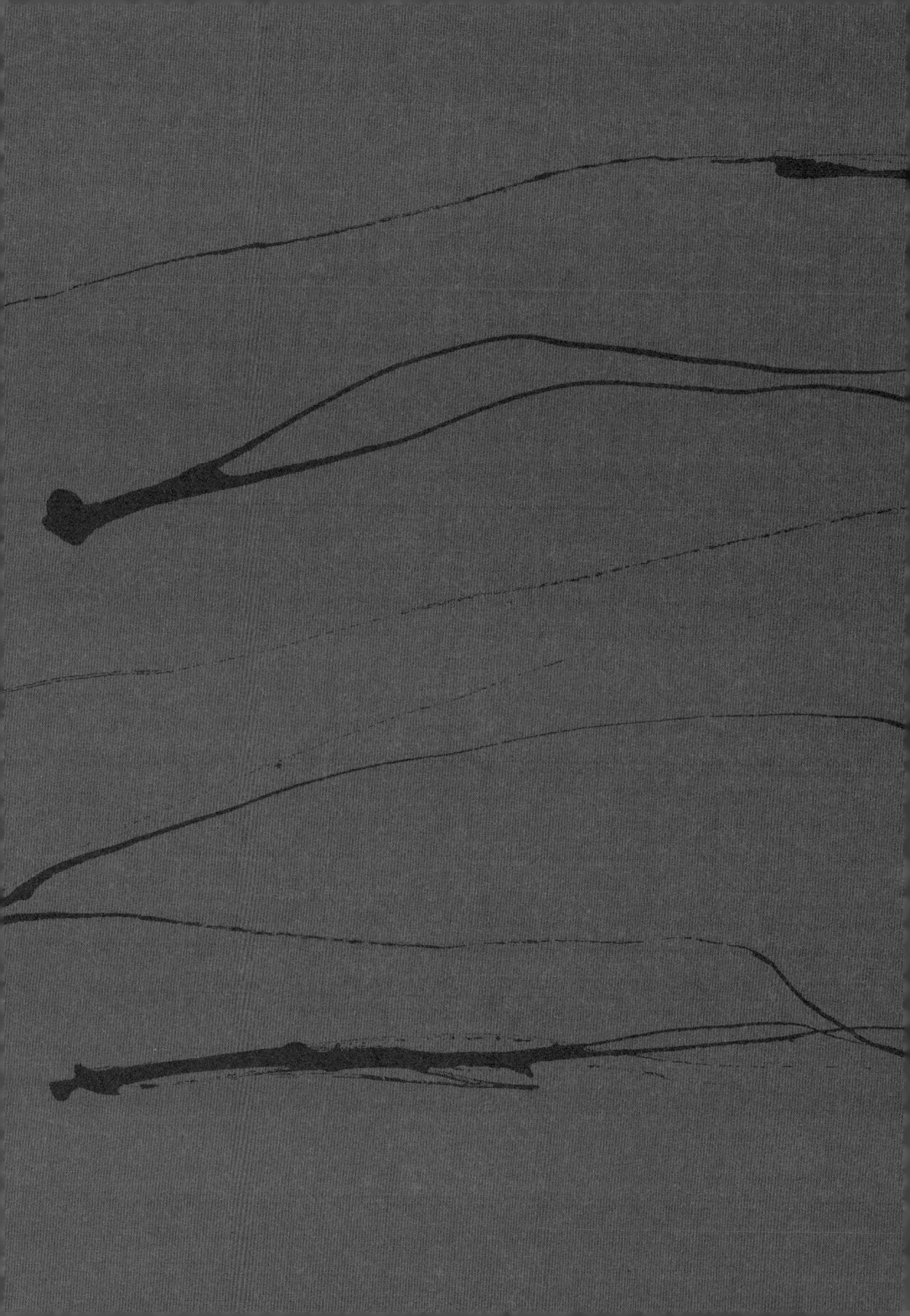

"오래 살아남은 것은 없다. 이 땅과 산뿐."

흰영양

천둥말을가진론 Ron, His Horse is Thunder
젊은 추장인 천둥말을가진론이 운디드니로 향하는 말타기 행사에 앞서
기수들을 불러 놓고 운디드니의 역사와 행사의 의미에 대해 연설하고 있다.
앉은소 대학의 총장이기도 한 론은 라코타 원주민 사회에서 촉망받는
지도자이다.

12월의 라코타

December Lakota

오늘은 12월 15일. 오래 전부터 벼르고 있던 '미래를 향한 말타기'가 시작되는 날이다. 행사 참여를 위하여 전날 사우스다코타의 작은 마을 카일에서 북쪽 불헤드까지 근 450킬로미터를 이동한 탓인지 무척 피곤했다. 내가 불헤드 마을회관에 머무른다는 사실을 아는 원주민 친구 리처드 밀다와 브렌든 일행이 새벽부터 창문을 두드렸다. 소리에 깨어 문을 열고 보니 시간은 5시. 눈보라가 전날보다 조금 잦아들어 다행이었다.

준비하고 일어나 말타기 행사가 시작되는 부근의 앉은소 캠프로 이동했다. 노스다코타의 포트 에이츠에서 많은 사람들이 와서 행사 준비를 돕고 있었다. 예정대로 11시가 되자 천둥말을가진론의 주례와 기도문 낭송을 필두로 기수들은 원을 만들고 조상들의 영령을 위로하는 의식을 가졌다.

오늘날 말타기 행사를 주관하는 론은 스탠딩록 보호구역* 안에서 존경받는 인물이다. 그는 이 말타기 행사와 관련하여 여러 면에서 큰 역할을 했다. 본래 '큰발 추장 추모 말타기'라고 불리던 초기에는 코스가 브리저부터 운디드니까지였으나 론의 제안으로 1988년부터 출발지가 앉은소 캠프로 바뀌었고, 1992년부터는 '미래를 향한 말타기'라는 새 이름으로 행사가 재개되었다. 론은 젊을 때부터 보호구역 내에서 커뮤니티 재건 사업이나 교육 문제 해결에 앞장서며 지도자로서 강인한 활동력과 리더십을 보였다고 한다. 현재 스탠딩록 보호구역 안에 있는 원주민 학교인 앉은소 대학의 총장이기도 하다. 그는 많은 원주민들 앞에서 위엄있고 당당하게 연설했다. "12월 15일,

---

* 미국 인디언국Bureau of Indian Affairs; BIA 산하의 원주민 부족이 관리하는 자치 지역. 1851년 미국 의회는 원주민 보호구역 건설을 내용으로 하는 인디언 세출에 관한 법령Indian Appropriation Act을 통과시켰다. 현재 미국 내에는 약 300개의 보호구역이 있으나, 모든 원주민 부족들이 보호구역 안에서 살고 있는 것은 아니다. 보호구역이 미국 내 차지하는 면적은 225,410제곱킬로미터로, 전체 영토의 2.3퍼센트에 불과하다.

우리는 왜 모두 모여 여행을 떠나는 것입니까? 1890년 오늘, 누가 이곳에서 살해되었습니까?" 자기 주위를 둥그렇게 둘러싼 기수들을 돌아보면서 그는 주술바퀴 medicine wheel에를 들고 행사의 의의와 라코타의 기상氣像 등에 대해 말을 이어갔다. 지도자이자 웅변가로서 그의 면모를 확인할 수 있었다.

출발지를 잠시 둘러보았다. 눈 덮인 들판으로 바람소리가 경쾌하게 들려왔다. 비포장 도로를 지나온 차량들이 보였고, 그중에는 말을 실은 트레일러도 있었다. 트레일러는 덩치가 무척 컸다. 각 마을에서 각자 혹은 공동으로 말을 실어오기 위한 수단이다. 이렇게 말을 가져와 자신의 아이나 그밖의 참가자들에게 빌려주는 것이다. 첫날은 촬영을 위해 말을 타지 않고 차량으로 움직이기로 했다. 카일에서 불헤드로 올라올 때 동행했던 친구와 함께 차에 올랐다. 차를 타고 이동하면서 말타기 행사의 일정과 경로 그리고 지형에 관한 정보를 얻을 수 있었다. 첫날 일정은 대략 30마일, 즉 50킬로미터를 가는 것이라고 한다.

오전에는 대략 두 시간을 쉬지 않고 달렸다. 태양이 밝게 비치고 쌓인 눈 위로 바람이 눈보라를 만들었다. 눈보라는 오전의 햇살에 반사되어 아름답게 반짝였다. 드넓고 곱게 눈이 덮인 평원을 내달리는 기수들의 모습이 아름다워 행렬의 끝을 따라가며 그들의 뒷모습을 프레임에 담아 나갔다.

한참을 달리다 보니 어느새 점심시간이 다가왔다. 식사는 왈드 목장이라는 곳에서

주술바퀴
집안에 복이 들어오기를 기원하는 상징물.
대개 들소 가죽과 독수리 깃털,
동물의 뼈 등으로 만든다.

했다. 목장에 있는 큰 창고에 모여 샌드위치를 먹으며 서로 인사를 한 후 담소를 나누었다. 오늘은 첫날이라 함께 달린 기수가 30여 명에 불과했다. 그러나 앞으로 연일 여러 마을과 도시에서 새로운 사람들이 합류하니 2주일 뒤에는 수백 명이 될 것이란다.

점심을 끝내고 첫날의 목적지인 팀버 호수를 향해 떠나기 전 출발지에서와 같은 모습으로 원을 만들어 모였다. 알고 보니 대열은 출발과 도착시에 항상 둥그렇게 모여 짧은 제의를 지내는 것이다. 목적지인 팀버 호수는 스탠딩록 보호구역과 샤이엔 보호구역의 경계에 있는 작은 마을이다. 부근에 작은 호수가 있는데 얼어붙은 수면 위에 눈이 덮여 육안으로 알아보긴 힘들었다. 차량으로 이동했던 나는 기수들에 앞서 목적지에 도착해 멀리 눈보라 사이로 달려오는 그들을 볼 수 있었다. 시간은 오후 4시 30분. 여기서 첫날 여정은 끝난 셈이었다. 인근 마을과 목장의 원주민들이 먼저 와서 저녁식사를 준비하고 있었고 나도 거들었다. 밖은 다시금 걸어다니기 힘들 만큼 눈보라가 심해졌다.

저녁식사가 끝난 후에도 공식 일정이 하나 남아 있었다. 의장인 론이 행사에 참여하는 10대 기수들을 모아 놓고 진행하는 정신교육이었다. 론은 말타기의 의미에 대해 근엄한 어조로 들려주며 행사가 엄숙하게 진행되어야 한다고 강조했다. 조금이라도 게으름을 피우거나 일탈 행동을 보이면 즉시 집으로 돌려보낸다고 말했다. 이러한 엄격함을 비단 론에게서만 볼 수 있었던 것은 아니었다. 행사에 참여하는 다른 지도자들도 매우 결연하고 진지한 자세로 매사에 임한다. 이들은 자신의 조상이 어떤 과거를 겪었는지를 충분히 이해하고 있었고, 그런만큼 이 행사가 영적인 활동이 되도록 힘썼다. 정신교육 후에는 처음 참가하는 아이들이 있는지, 그들의 보호자가 누구인지 일일이 확인한 다음 서로 잘 어울릴 수 있도록 배려했다. 취침 시간이 다가왔고, 차가 얼지 않도록 모두 시동을 켜 두었다. 일행인 엘스턴이 그래도 오늘은 체육관에서 지낼 수 있으니 다행이라고 했다. 밤 11시가 되자 독수리방패존 John Eagle Shield 의 기도를 끝으로 모두 잠자리에 들었다. 내일은 새벽 5시 전에 기상할 거라고 했다. 2005년 12월 15일의 하루는 이렇게 지나갔다.

1890년 12월 15일, 앉은소 추장은 백인들이 금지하는 망령의 춤 Ghost Dance ◦ 을 확산시켰다는 혐의로 처형됐다. 당시 신흥 종교의례인 망령의 춤이 원주민들 사이에서 퍼지자 미군은 이것을 해로운 종교로 규정하고 앉은소 추장을 주동자로 지목했다. 하지만 11월 중순이 되자 이미 망령의 춤은 북미 원주민의 한 종족인 수우족 구역의 전역을 휩쓸 만큼 파급력이 커졌다. 보호구역으로 내몰린 원주민들에게 망령의 춤은 그들의 한을 담아 풀어내는 구원의 의식이자 약속이었던 것이다. 워보카 Wovoka 라는 이름의 파이우트족 예언자는 이렇게 말했다고 한다. "다 함께 춤을 추자. 내년에 위대한 정령이 오시면 죽은 원주민이 모두 살아나고 백인들은 물러가리라." 앉은소 추장은 망령의

망령의 춤

1889년 네바다의 파이우트족 예언자인 워보카에 의해 시작된 춤으로,
시작과 동시에 미국 전역으로 확산되었다. 워보카는 망령의 춤을 통해 백인들의
영토 팽창을 평화롭게 막을 수 있으리라 예언하면서,
깨끗하고 정직한 삶과 협력을 주창했다.
망령의 춤이 가장 큰 역할을 했던 사건은 1890년 운디드니 학살 때이다.
원주민들 사이에서 하나의 강력한 구원의 메시지였던 망령의 춤은 백인들에게
점차 두려움의 대상이 되었고, 원주민들이 전투에 앞서 의기투합하기 위해
행하는 의식이라고 오해되기도 했다. 1890년 운디드니 학살 당시 원주민들이
무장해제에 앞서 망령의 춤을 추려고 하자 이것이 발단이 되어 학살이
시작되었다고 전해진다. 대개 망령의 춤은 둥근 원을 따라 빙빙 돌며 춘다.
이 춤을 추는 사람들은 정신을 잃고 쓰러지곤 하는데, 영혼이 몸을 떠나 자유로운 상태에
빠지는 것을 의미한다고 한다. 제의에 적합한 의상을 입고 모두 손에 손을 잡고
무리를 만들어 추는 춤으로, 개별적으로 행하는 파우와우와는 달리
집단적인 성격이 강한 의식 행위이다.

춤에 대해 깊은 믿음을 갖고 있진 않았지만 이를 가르치고 보급할 것을 명했다. 이 때문에 그는 큰발 추장 등과 함께 인디언국에서 만든 망령의 춤 주동자 명단에 오르게 되고 결국 체포 과정에서 목숨을 잃었다.

앉은소 추장°은 키가 크고 용맹스러운 전사이자 지도자였다. 미국 정부에 적대적으로 맞서 싸우기도 했으나 훗날에는 영어를 배우고 워싱턴을 방문하기도 했다. 성난말과 함께 1876년 빅혼 전투에서 미군 커스터 장군의 제7기병대를 전멸시킨 뒤로 원주민들 사이에서 영웅으로 떠올랐다. 앉은소 추장은 이 사건이 있은 후 900명의 부족민을 이끌고 캐나다로 피신했다. 이때 그는 자신과 함께 빅혼 전투를 승리로 이끈 성난말이 그의 부관 작은거인^Little Giant에 의해 체포되고 포트 라빈슨에서 사망했다는 소식을 전해 들었다. 캐나다에서의 오랜 망명 생활 끝에 궁핍해진 앉은소는 미국으로 되돌아와 1885년부터 곡마단인 와일드 웨스트 쇼°의 일원으로 미국과 캐나다를 순회하며 공연을 했다. 그는 보호구역이 백인들에게 팔려 나가는 것을 지켜보았고 이를 막으려 했지만 뜻을 이루지 못했다. 그 후 망령의 춤을 가르치고 확산시켰다는 죄목으로 자신을 체포하려는 인디언국 경찰들과 총격전을 벌이다 1890년 12월 15일 숨을 거두었다. 이 날은 1890년 큰발 추장과 그의 부족민 300여 명이 죽은 운디드니 학살이 일어나기 불과 2주일 전이었다.

다음 날 새벽 존이 노래를 부르며 전체 일행을 깨웠다. 존은 아침저녁으로 수우족

° 서부의 풍물을 소재로 하는 쇼. 말타기, 총쏘기 및 원주민 전통 춤을 선보인다.

의 종교의식을 거행한다. 선조의 영령을 정화시키고 부족민의 단합을 다지는 영혼의
의식이라고 한다. 존의 역할은 주술사이다. 존의 할머니는 앉은소 추장이 죽을 당시
열 살이었는데 그때는 부족 전체가 헐벗고 굶주림에 시달렸다고 한다. 보호구역 안에
인디언국 주재소가 있었지만 원주민에게 배당된 식량과 담요는 절반도 돌아가지 않
았다. 보호구역을 점차 미군에게 뺏기면서 원주민들은 그 안에서조차 농사와 사냥을
할 수 없게 되었고 주재소에서 배급하는 형편없는 식량에 의존해야 했다.

전날의 여파로 아이들 몇몇은 힘들어 보였지만 금세 일어나 목장에 매어 놓은 자신
들의 말을 돌보러 떠났다. 여기서는 모든 것에 우선하는 일이 말 돌보기다. 나도 아이
들을 따라 오늘 탈 말을 살피러 나갔다. 말을 만나면 먼저 대화를 나누어야 한다. 이
것은 아주 중요한 부분이다. 나는 말을 30분간 쓰다듬으며 곁에 있었다. 나바호 구역
에 머물 때 말타기를 배웠는데 오랜만이라 그런지 고삐로 방향을 바꾸는 것이 쉽지
않았다.

오늘 내가 탈 말은 커밋이라는 원주민이 빌려 주었다. 그의 아들인 커밋 주니어는
첫날부터 나에게 장난을 걸어온 꼬마이다. 나와 친해지려는지 만날 때마다 중국 사람
이라 부르며 따라다닌다. 나는 한국에서 왔다고 여러 번 가르쳐 주는데 계속 중국 사
람이라고 부르곤 도망간다. 귀엽다. 아들이 버릇없다고 느꼈는지 아버지 커밋은 더욱
친절하게 이것저것 배려해 주었다. 그는 큰 트럭에 원주민 고유의 원뿔형 천막인 티

포트 라라미 조약
와이오밍에 있는 포트 라라미에서 체결된 조약.
라코타인들에게 블랙힐스의 소유권 및 사우스다코타,
와이오밍 그리고 몬태나에서의 사냥권 등을 보장한
이 조약은 이후 백인들에 의해 반복해서 파기되었으며,
블랙힐스 전쟁을 발발시켰다.

피를 두 채나 만들 수 있는 긴 막대기둥을 싣고 다녔다. 가는 캠프마다 티피를 세운다고 했다.

해가 떠오르자 풀 위에 맺힌 서리가 반짝여 눈이 부시다. 겨울엔 대기가 차가워져 아침마다 들판이 바다의 물결처럼 빛나는 광경이 펼쳐진다. 눈은 그쳤지만 강한 바람에 눈보라가 길 위를 덮는다. 마치 물이 흐르는 것처럼 보인다. 모두들 엄청난 고생이다. 마스크로 얼굴을 가리고도 뺨이 시리다. 아침에 론이 기수들을 격려하며 말했다. "그 옛날 우리 조상들은 이 길을 걸어갔다. 인내하고 견뎌라." 그의 목소리는 매우 단호하고 우렁찼다.

대평원을 달리는 기분은 그 무엇과도 비교할 수 없다. 허공에 몸이 붕 뜨는 것 같은 느낌으로 힘껏 달렸다. 말을 탈 때는 안장에 앉을 수도 있지만 몸을 곧추 세우고 엉덩이를 안장과 닿을 듯 말 듯 서 있는 자세를 유지하면 한결 부드럽게 달릴 수 있다.

라코타족이 살던 대평원은 몬태나, 와이오밍, 네브래스카, 사우스다코타, 노스다코타, 콜로라도, 캔자스의 일곱 개 주에 걸쳐 있다. 라코타는 테톤 수우족의 서쪽 지파이며, 다시 오글라라^{Oglala, 자신의 것을 흩어 버리다}, 홍크파파^{Hunkpapa, 문지기}, 미니콘주^{Minneconjou, 물가에 사는 사람들}, 산스 아크^{Sans Arcs, 화살이 없다}, 시하사파^{Sihasapa, 검은발네 사람들}, 브롤^{Brules, 불에 덴 넓적다리}, 산티^{Santee, 두 주전자}의 일곱 부족으로 나뉜다. 이렇게 이루어진 라코타 수우족 원주민에게는 아픈 과거가 있다. 그들이 지금도 한을 풀지 못하는 이유는 미국 정부와의 조약 때문이다.

조지 커스터
원주민을 잔인하게 학살한 악명 높은 미군 장군.
원주민들은 그의 긴 머리를 보고 긴 머리 커스터라고
부르곤 하였다. 빅혼 전투 때 제7기병대와 함께
사망했고 사후에 장군으로 승진했다. 원주민들이
성지로 생각하는 블랙힐스에 도로를 건설함으로써
수우족과의 전쟁을 발발시켰다.
원주민들은 이 길을 '도둑의 길'이라고 부른다.

미국 정부는 1851, 1868년에 두 번에 걸쳐 국가 대 국가로서 원주민들의 영토를 인정한다는 조약을 맺었다. 대수우족 지역을 보장하고, 땅에 물이 마르기 전까지는 이곳이 라코타 원주민의 땅이며, 이 지역의 성인 남자 4분의 3의 동의가 없이는 절대로 조약을 변경할 수 없도록 명시했다. 하지만 1860년대 들어 미국 정부는 번번이 조약을 어기려 들었고 그때마다 라코타 원주민들은 결사항전으로 맞서 1868년 포트 라라미 조약°Fort Laramie Treaty°을 받아냈다. 그러나 몇 년 뒤, 커스터 장군°이 블랙힐스에 금이 있다는 소문을 퍼뜨리자 백인들이 벌떼같이 몰려들기 시작했고, 미국 정부는 광부를 보호한다는 구실로 군대를 파견함으로써 조약을 일방적으로 파기했다. 1970년 이후 라코타 원주민들은 백인들이 필요한 금을 모두 캐내 갔으니 블랙힐스를 돌려달라고 요구하기 시작했다. 1980년 대법원이 승소판결을 내렸지만 의회에서 이를 반대했다. 이유는 이러했다. "인디언 문제는 모든 법을 초월하는 사항이므로 이 판결을 인정할 수 없다." 미국의 양심 가장 깊숙한 곳에서는 아직도 원주민 공동체를 잔인하게 파괴한 행위가 정당화되고 있던 것이다. 이처럼 백인들은 스스로에게 최면을 거는 일을 반복해서 자행하고 있다.

　말타기가 가장 힘든 시간대는 오후이다. 평원에서는 오후가 되면 늘 바람이 세차게 불기 시작하므로 아주 고역이다. 친구들 설명으로는 캐나다에서부터 불어오는 것이라고 한다. 문제는 기수보다 말이 더 고생을 한다는 것이다. 말을 위해서라도 여정은 사흘간 달리고 하루 쉬기를 반복한다. 참가자들은 그 과정에서 스스로가 자연의 일부임을 깨닫고 자신들과 함께하는 말을 귀하게 여기고 정성을 다해 돌본다. 반면 현대의 물질문명은 생명이 없는 것들을 찬양한다. 말을 타고 달리며 무엇이 진짜 소중한것인지 되묻게 되었다.

내일이면 처음 맞이하는 휴식일이다. 오늘은 22마일 여정이라 조금 여유롭게 움직인다. 언덕이 많아 말들이 내뿜는 하얀 입김이 두드러지게 보인다. 그린 그래스 마을에 있는 말을바라보는앨볼Albol Looking Horse이란 사나이의 목장에 말을 풀어놓고 이글 뷰트의 주민 센터에서 쉬었다. 날씨가 무척 쌀쌀해져 밖으로 나갈 엄두가 나질 않았다. 몇몇 기수들은 내일이 쉬는 날이라 그런지 부근 자신들의 집으로 되돌아간 듯했다.

12월은 라코타 말로 나뭇가지가 뚝뚝 부러지는 달, 숫사슴이 발정하는 달이다. 월별로 붙이는 이름이 재미있다. 1월은 서리가 지는 달, 3월은 눈雪에 눈眼이 머는 달, 4월은 풀이 나타나는 달, 신록의 달, 5월은 조랑말이 털갈이를 하는 달, 6월은 살찌는 달, 7월은 산딸기가 붉어지는 달, 8월은 산딸기가 검붉어지는 달, 9월은 송아지털이 자라는 달, 송아지가 검어지는 달, 자두가 검붉어지는 달, 10 · 11월은 낙엽이 지는 달이다. 내가 본 이곳 12월은 말들이 노래하는 달이다. 사흘간 말들과 하루종일 함께했기 때문일까. 말들이 내는 거친 숨소리와 말발굽 소리는 마치 음악처럼 들린다.

그 옛날

이 몸은 전사였다.

그러나 이젠

모든 게 끝났다.

험한 세상이

닥쳤구나.

앉은소의 노래 미 인종학 소장국

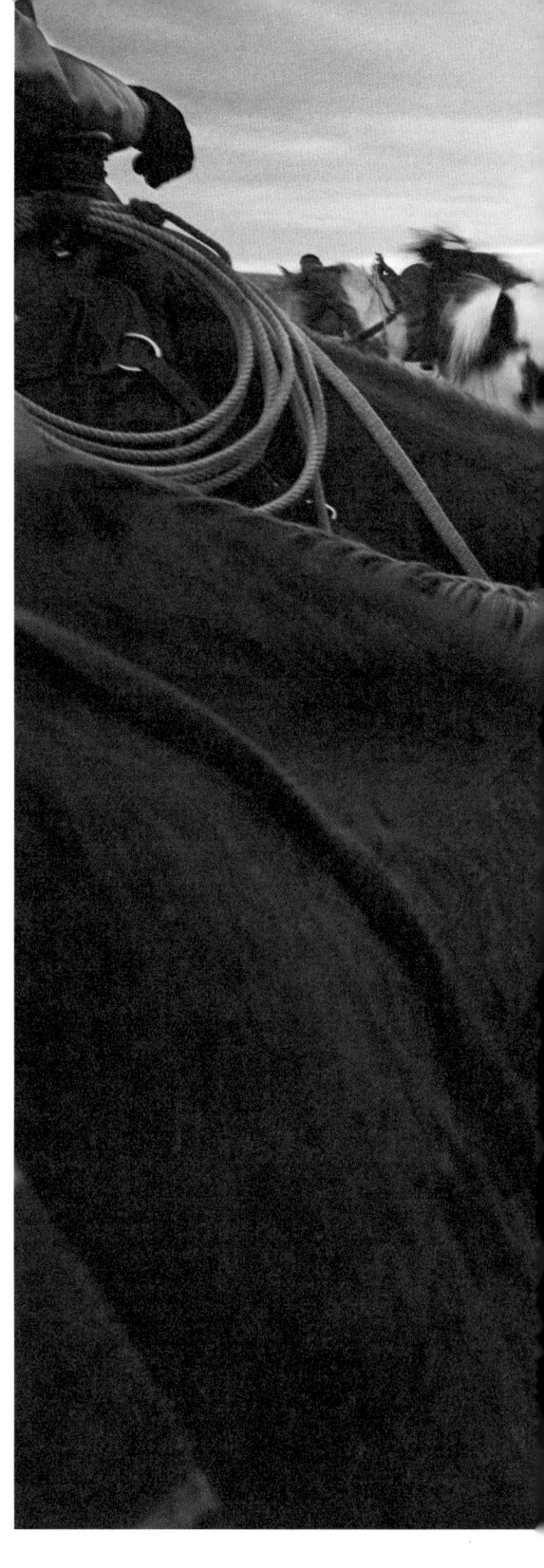

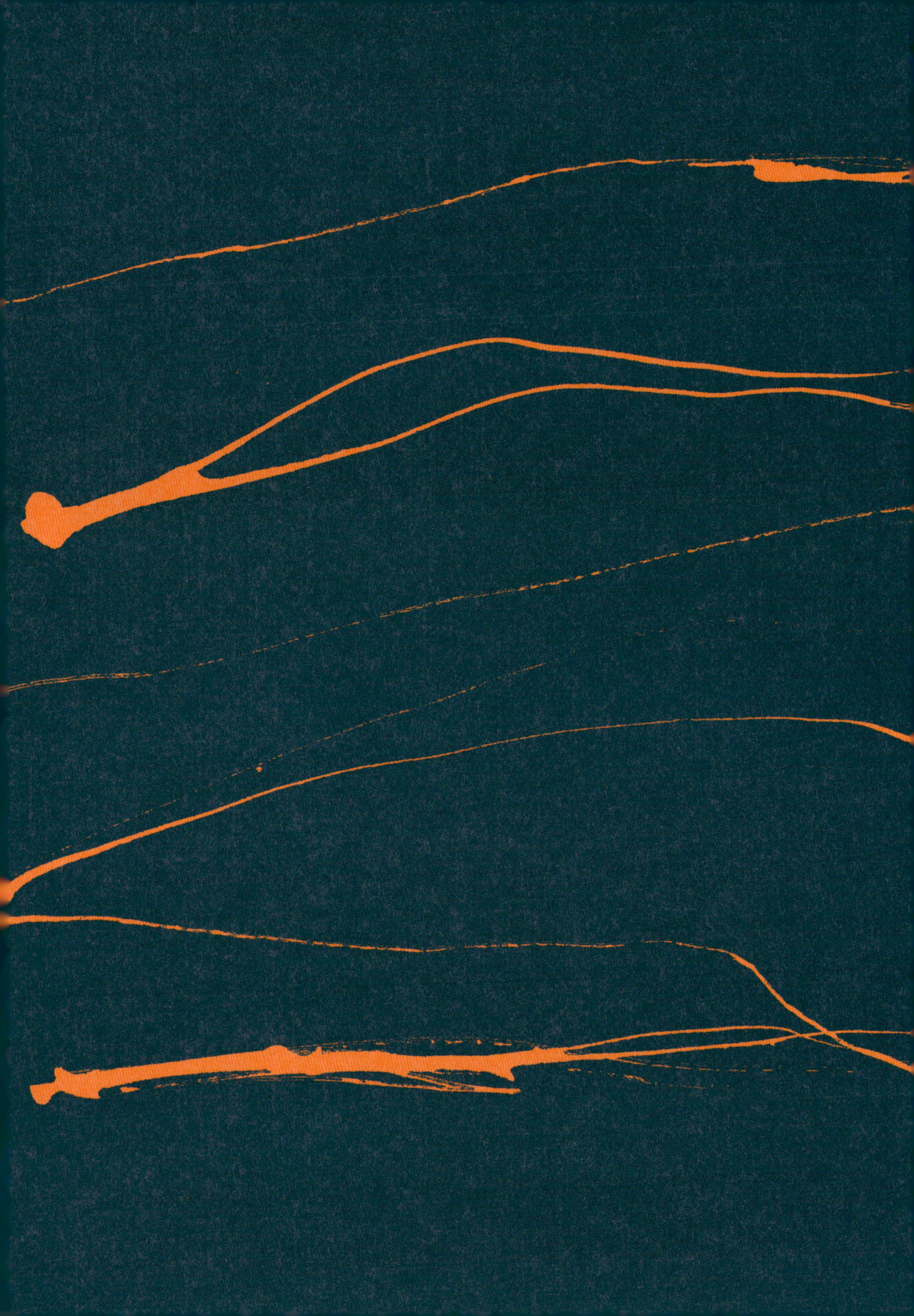

성스러운 몸짓으로 나는 그들을 걷게 했다.

성스러운 겨레는 낮게 누워 있다.

성그러운 몸짓으로 나는 그들을 걷게 했다.

성스러운 두 발 달린 것 하나, 그는 낮게 누워 있다.

성그러운 몸짓으로 나는 그를 일어나 걷게 하리라.

검은고라니의 노래

아침 일과의 시작

말타기 여정의 첫 일과는 말 돌보기이다.
주요 이동수단인 말은 원주민들에게 더없이 긴요하고
소중한 존재다. 원주민들이 말과 함께 생활하는 모습을
보고 있노라면 이들이 자연과 더불어 살아가는
사람들임을 깊이 깨닫게 된다.

라코타, 함께하는 사람들

Lakota, the Friendly People

오늘은 쉬는 날이라 지난 이틀과 달리 아침을 여유있게 시작했다. 모처럼 7시까지 자고 말을 돌보러 갔다. 아침마다 친구들과 말을 살피러 가는 일은 힘들지만 기쁘다. 정해진 내 말이 있는 것은 아니지만 아침마다 다른 말을 데려다 물을 먹이고 털을 고르고 여물을 준다. 누구나 자리에서 일어나면 하는 첫 번째 일과이다. 말들 중에선 말 잘 듣는 놈, 고집부리며 안 따르는 놈, 가고 싶은 데로 가려고만 하는 놈 등 각양각색이다. 말을 아주 안 들을 땐 엉덩이를 살짝 치면 금방 얌전해진다. 여기 말은 아시아의 말과는 달리 덩치가 아주 크고 빠르게 달린다.

말에게 먹일 물동이가 어찌나 꽝꽝 얼었는지 근처 다른 집에서 빈 통을 찾아 갖고 와야 했다. 물동이에 물을 부어도 말이 워낙 빨리 마셔서 한참 동안이나 통이 차질 않는다. 놈들이 마시는 물의 양은 엄청나다. 몇 마리는 부근에 있는 강으로 데려가 먹였다. 물을 먹인 후에는 좀 걷게 했다. 사진을 몇 장 찍으려 하는데 에드가가 일러 주길 말 뒤편에 있을 때는 조심해야 한단다. 겁을 먹고 가끔 뒷발질을 하는 놈들이 있어 크게 다칠 수도 있다는 것이다.

원주민들은 예전에 살았던 땅으로부터 멀리 떨어져 보호구역에 갇혀 있다. 여전히 그들의 꿈은 고향으로 돌아가는 것이다. 그런데 이러한 애틋한 소망보다 더 마음을 아프게 하는 것은 이제 그들조차도 자신들이 누렸던 자유를 잘 기억하지 못한다는 사실이다. 라코타족의 추장이자 영적인 지도자였던 고귀한붉은사람^{Noble Red Man}은 이렇게 말했다. "우리가 누렸던 자유를 회상하는 것보다 더 슬픈 일은 한때 자유로웠던 사실마저 잊어버리는 것이다."

예전에 만난 장기수 한 분은 이런 이야기를 들려 주셨다. 출소한 뒤 백화점 구경을 갔는데 자꾸 자신을 따라오는 누군가 때문에 불편했다고 했다. 동행한 젊은이에게 이야기했더니 대답인즉 그 사람은 거울에 비친 자신이었을 거라는 말이었다. 너무 오랫동안 자신을 보지 않았기에 거울에 비친 모습을 스스로도 알아볼 수 없게 된 것이다.

보호구역에 갇힌 원주민들의 이 같은 삶은 한국의 장기수들과 크게 다른 것이 아니었다. 보호구역에 들어간 지 100년이 넘어가면서 원주민들 스스로 자유를 점차 잊어버리고 있는 것이다.° 그런 탓에 지금 젊은 세대의 원주민들은 그들의 정체성을 확인하는 데 여러 곤란이 있다고 한다. 과연 이들은 자신의 정체성과 역사를 어떻게 기억할 것인가? 기억을 못 한다면 과연 그들의 자유를 되찾을 수 있을 것인가? 이 말타기 행사가 그 답을 준비하는 과정이 되기를 내심 바란다.

모든 세상이 다 얼어붙은 듯하다. 이곳 이글 뷰트의 거리에는 혹독한 추위로 차들 몇 대 이외에는 아무것도 보이지 않는다. 보호구역의 마을들이 대개 그렇듯 약국을 겸한 상점과 주유소가 전부다. 상점 주인도 백인이다 보니 사실상 원주민들이 경제생활을 영위할 수 있는 직업은 학교 교사가 유일하지만 이마저도 쉽지 않다. 마을 단위로 초·중·고등 과정이 있는 학교들이 있지만 정규교육 제도가 잘 갖추어져 있지 못하

배식을 기다리는 원주민들
백인들이 원주민 땅에 침투해
들어오면서 원주민들은 자급자족하던
생활을 포기하게 되고 백인들의 배식에
의존하는 생활을 시작한다. 사진은
인디언국 산하에 있는 배식소에서
배식 차례를 기다리고 있는 원주민들.

여 교사가 되는 것도 어렵다. 그래서 젊은이들이 가장 선망하는 직업이 군인이나 경찰이다. 학교에는 ROTC 센터라는 군인양성 과정이 있어서 지원하는 학생들은 졸업과 동시에 군에 배치된다. 어떻게 보면 가장 안정적인 일자리이기 때문에 학생들이 많이 자원한다고 한다.

지난가을 나바호 원주민 축제에 갔을 때 어린 학생들이 군복을 입고 퍼레이드에 참가하는 것을 볼 수 있었다.° 그 광경을 보면서 미국은 참 이상한 나라라고 생각했다. 그들은 자신이 직접 하지 못하는 것을 다른 사람에게 시키는 재주가 있다. 미국 정부는 19세기 원주민들을 상대로 전투를 벌일 때도 다른 지역의 원주민 용병을 투입시켰던 것이다. 성난말 추장은 자기 부족 젊은이들이 미군의 네즈페르세족 진압에 자원했다는 소식을 듣고 진노했다고 한다.

어린이들이 군복을 입고 행군하는 모습이 하도 낯설어 멍하니 쳐다보았다. 과연 백인들은 자신의 아이들에게 군복을 입히고 길거리를 행진시킬 수 있을까? 그들에게 아직도 원주민의 피는 자기들을 대신해 전쟁에 내보낼 만큼 대수롭지 않은가 보다. 군인으로 활동하는 원주민들의 수를 증명하듯 방문했던 보호구역마다 아프가니스탄과 이라크에서 전사한 젊은 원주민들이 많았다. 이제 원주민들은 '아메리카'라는 자신의 땅이 아닌 먼 이국에서 피를 흘려야 한다. 나바호 보호구역의 한 장례식에서 들은 원주민들의 울음소리는 한국에서 들었던 소리와 크게 다르지 않았다. 죽음은 누구에게

° 북서부의 원주민 부족. 코에 장식을 하고 있다는 뜻 Nez Perce 의 부족명은 프랑스인이 붙여준 것이다. 이 부족의 조셉 추장은 땅을 팔라는 백인의 압력에 저항하다 전쟁을 시작한 뒤 무려 3200킬로미터를 도피하며 싸웠지만 결국 항복했다. 미군은 이 부족과의 전쟁에 여러 원주민 전사를 용병으로 고용했다.
° 한국전쟁 당시에도 라코타족 37명이 전사했다고 알려진다.

나 슬플 수밖에 없는, 돌이킬 수 없는 사건이다.

미국 정부가 원주민을 대상으로 저지른 또 하나의 끔찍한 일은 1970년대 초까지 계속된 강제 불임시술*이다. 한 마디로 원주민들의 대가 끊어지도록 한 것이다. 어떻게 이런 일이 가능할까 싶었지만 답은 의외로 간단했다. 국가가 개입했기 때문이다. 오늘날 비밀 해제되고 있는 정부문서들도 이 같은 사실들을 뒷받침하고 있다. 역사는 진실을 잊지 않는다.

다행스러운 것은 미국의 이러한 야만성 뒤에 그와 상반되는 모습들이 건재하고 있다는 사실이다. 나바호 지역에서는 원주민을 위해 봉사하는 젊은 미국인들이 많다. 대부분 10대 후반에서 40대까지의 사람들이다. 나는 친구의 소개로 폴이라는 목사를 만날 수 있었다. 그는 30년 전 나바호 보호구역으로 옮겨온 이후 평생을 원주민들을 위하여 일하고 있었다. 자신의 자녀 둘도 원주민과 결혼시켰다. 폴은 선교 못지않게 원주민 복지시설 마련에도 큰 힘을 쏟고 있었다.

나바호 보호구역 안에는 미국에서 두 번째로 큰 화력발전소를 비롯해 인근에도 다

---

* 〈*American Indian Quarterly*〉 2000년 여름호에 실린 제인 로렌스Jane Lawrence 의 연구 '인디언 건강 서비스와 미국 원주민 여성 불임시술The Indian Health Service and the Sterilization of Native American Woman'에 따르면 1970~1976년 동안 25~50퍼센트에 해당하는 여성 원주민들이 불임시술을 받은 것으로 드러났다. 15~44세의 임신이 가능한 모든 여성이 그 대상이다. 본래 가족계획의 일환으로 인디언 보건 당국Indian Health Service 의 피임정책으로 시작되었으나 백인 의사들의 편견과 차별, 원주민 사회의 높은 출산율로 인한 미국 백인 사회의 불안감, 원주민 문화에 대한 무지 때문에 불임시술로 왜곡되어 버렸다. 특히 백인 의사들은 원주민 사회에서 오랫동안 진행되어온 원주민 전통 피임 방식은 간과한 채 오로지 서구식 피임 방식을 강요했다. 이 과정에서 원주민 여성들은 불임의 결과 등에 대한 상세한 정보를 받지 못한 채 대부분 시술 동의서에 서명했다.

군복 입은 아이들
제식훈련을 받고 있는 원주민 아이들. 적절한 직업 교육의 기회가 적은 원주민들은
그나마 안정된 보수가 보장되는 직업군인에 많이 자원한다.

른 발전시설이 있다. 여기서 나오는 전력이 수백 마일 떨어진 다른 주로 공급된다. 보호구역에서 채굴되는 석탄도 원주민들을 위해서는 전혀 사용되지 않는다. 전기와 수도가 공급되지 않는 원주민 집들은 방치돼 있고, 정부는 이윤을 목적으로 원주민들의 땅을 파헤치고 수익을 창출한다. 원주민 보호구역에 들어와서 사업을 벌이는 거의 모든 기업들은 이렇듯 원주민 땅의 자원을 이용하여 부를 축적하지만 정작 그들의 생활과 복지에는 무관심인 것이다. 이런 것이 기업들의 사회적 책임 회피가 아니고 무엇인가. 이들은 오늘도 헐값에 원주민 자원을 이용하고 있다.

이런 사정은 멕시코 원주민들도 크게 다르지 않다. 지난봄 사파티스타 민족해방군의 마르코스 부사령관은 한 연설에서 멕시코 원주민의 전기세에 대한 태도를 소개했다. 전기세 청구서를 본 이들은 청구서를 구겨 바닥에 던지고 발로 밟는다고 한다. 이것은 다름 아닌 정부에 대한 항의의 행위다. 멕시코가 북미자유무역협정 NAFTA에 가입한 뒤 원주민이 내는 전기세는 열 배 이상 인상되었다고 한다.

신자유주의 세계질서는 이성의 암흑상태를 강요한다. 모든 것은 돈이 있는 곳으로만 향한다. 멕시코에서도 원주민은 거주지의 천연자원을 빼앗기고 자신들의 의지와는 상관없이 가장 빈곤한 지역에서 살고 있는 것이다. 원주민들이 필요로 하는 학교나 병원 등의 복지시설은 정부에게 관심 밖의 일이다. 아이러니컬하게도 원주민 지역의 자원을 운송하기 위해 도로와 항만 등은 계속 건설되고 있고, 그것을 통해 빠져나

※ 멕시코 남동부에서 활동하는 마야 원주민 반군. 대표적인 신자유주의 정책인 북미자유무역협정을 맺은 뒤 원주민의 생존권을 박탈해온 멕시코 정부에 맞서 1994년 1월 봉기하였다. 이후 이들은 제3세계 민중운동의 상징이 되었다. 2001년에는 15일간의 평화대행진을 통해 멕시코 시티에 들어가 25만 명의 군중에게 환영을 받았다. 지금도 멕시코의 여러 곳에서 원주민의 권익을 위한 발걸음을 계속 하고 있다.

나바호 보호구역의 집
2005년 방문했던 나바호 보호구역의 원주민 집.
방문 당시 백인 자원봉사자들이 창문과 지붕을 수리하고
전기와 수도를 설치하는 공사가 한창이었다.
원주민들은 아직도 집에서 나무나 석탄을 때는 난로를 많이 쓴다.

간 원주민 지역의 자원은 제1세계를 살찌우는 밑거름이 되고 있다. 프란츠 파농^{Frantz} ^{Fanon}이 말한 대로 제1세계는 제3세계의 창조물인 것이다.

폴이 18개월 전에 새롭게 시작한 사업은 원주민 탁아소 설립이다. 2005년 방문했을 당시 폴이 운영하는 교회 탁아소는 매우 비좁고 불편했다. 여름날 정오가 되면 기온이 43도가 넘어갔다. 나는 그곳에서 사진 작업을 하면서 탁아소 아이들과 함께 시간

※ 프랑스령의 마르티니크 출신의 평론가이자 사회철학자. 알제리의 독립운동 등에서 활동한 혁명가이며 주요 저
서로는 『검은 피부, 하얀 가면 ^{Black Skin, White Mask}』(1954), 『아프리카의 혁명을 위하여 ^{Toward the African Revolution}』(1964) 등
이 있다.

을 보냈다. 아이들은 나와 눈이 마주치기라도 하면 달려와 안겼다. 보호구역을 떠날 때 다음 여름에 다시 오겠다고 하곤 약속을 지키지 못했다. 아이들의 눈망울이 아직 눈에 선하다. 이들은 신의 완벽한 창조물이다.

　보호구역의 탁아소 건립은 원주민 경제를 살리는 데 중요한 사업이다. 폴은 탁아소 건립 견적서를 토대로 약간의 정부 지원을 얻어 자재를 마련했다. 노동력 대부분은 미 전역의 자원봉사팀의 도움을 받아 해결한다. 특정 기술을 가진 봉사팀이 방문해 1~2주간 밤낮으로 일을 하고 돌아간다. 이러한 봉사팀 덕분에 원주민 주택들은 겨울철 난방장치를 마련하고 전기와 수도를 놓고 비가 새는 지붕을 고칠 수도 있었다. 지난 40년간 수도와 전기 공급 없이 살았던 나바호의 한 원주민 할머니는 이제 집 안에 불이 들어온다며 다 빠져버린 앞니가 보이도록 웃었다.

　또 한 명의 인상적인 봉사자는 텍사스 남부에서 온 도나였다. 처음 나바호 보호구역에 왔을 때 만난 그녀는 내 어머니를 떠오르게 했다. 도나는 텍사스 남부에서 봉사팀을 꾸려 나바호 보호구역으로 보내는 일을 하는데 매년 다섯 팀 이상이 참가한다고 한다. 자기가 포 코너 프로젝트 Four Corners Project * 라고 이름 붙인 이 사업의 매니저란다. 도나는 봉사팀이 먹을 30인분의 식사를 매끼 맛있게 만들어 냈다. 30년 이상 교직에 몸담다가 은퇴한 뒤 남편과 함께 매년 이곳으로 온다고 한다. 이런 사람들이 정부가 하지 못하는 일들을 해내고 있었다. 어쩌면 미국의 희망은 이러한 자원봉사자들에게서

* 뉴멕시코, 유타, 애리조나, 콜로라도에 걸친 보호구역에 봉사활동 조직을 꾸려 매주 파견하는 프로그램을 일컫는다.

청소년 자원봉사자들
원주민 보호구역을 찾은 미국 학생들이 어느 원주민 주택의 지붕에 올라가 지붕을 고치고 있다.

찾아볼 수 있지 않을까 싶다.°

　오후에는 말들을 풀어놨던 목장으로 가서 목장 주인인 앨볼과 담소를 나눴다. 그는 1986년 시작된 행사 첫 해에 참가한 원년 기수 중 한 명으로 키가 무척 컸다. 앨볼은 올해부터 미네소타에서 시작되는 또다른 말타기 행사°에 참여한다고 했다. 그가 친척이라 소개한 데나도 같은 혈통 때문인지 매우 큰 키를 뽐냈다.

　데나의 할아버지는 성난말의 경호원이었고 그 역시 키가 2미터가 넘었다고 한다. 라코타의 역사책에는 데나 할아버지의 가족이름이 구름잡이 Touch the Cloud 로 기록돼 있다고 한다. 친구 마르셀이 자랑하듯 말했다. "19세기 백인들의 마차행렬이 가끔 우리 부족 전사들과 맞닥뜨릴 때가 있었는데, 그들에게 우리는 어떻게 보였을까? 라코타 사람들은 백인보다 평균적으로 체구가 컸어. 그래서 아마도 산 위에서 자신들을 내려다보는 우리 모습이 꽤나 무서웠을 거야." 백인들보다 훨씬 큰 몸집에 동물 깃털을 달고 말 위에 서 있는 그들의 모습이 상상이 되었다. 원주민들은 버팔로가 주식이었을 테니 영양상태가 지금보다 훨씬 좋았을 것이며, 마차로 들판을 횡단하던 백인들은 원주민에 대한 막연한 두려움을 가졌을 것이다.

　오후에는 피터와도 인사했다. 그는 체코에서 온 목수였고 라코타 여인과 결혼해 살고 있었다. 그가 불을 지피고 돌을 달구자 궁금해진 나는 무엇을 하고 있냐고 물었다. 그는 "땀막에 들어가 땀을 흘리는 의식을 저녁에 거행할 겁니다. 참여하고 싶으면 해

※ 말타기 행사가 원주민 정체성 형성에 중요한 역할을 한다는 사실이 알려지면서 다른 지역 원주민 공동체로 확산되고 있다. 미네소타에 사는 산티 수우족은 이 행사에 경험이 많은 라코타 지도자들을 초청하여 조언을 듣는다.

라코타, 함께하는 사람들　**91**

도 좋아요."라고 대답했다. 듣고 보니 이니피 Inipi라는 정화의식을 한다는 이야기였다. 원주민 공동체에서는 이러한 정화의식이 보편화되어 있다. 작년 여름 나바호 지역에 갔을 때도 비슷한 장면을 보았다. 다만 이곳 라코타의 이니피에는 노래와 고백이 더 많이 들어간다.

이니피 시간이 되었다. 피터가 달구어진 돌을 밖에서 들고 들어왔고, 열댓 명의 사람들이 시계 방향으로 들어와서 둥그렇게 앉았다. 땀막sweat lodge° 안에 들어갈 때는 어떠한 쇠붙이도 지녀서는 안 된다고 하여 나도 시계까지 풀었다. 이윽고 의식을 주관하는 사람이 마지막으로 들어와 입구 쪽에 자리를 잡았다. 피터가 물 한 바가지를 넣어주고 땀막의 천을 내렸다. 의식 주관자가 달구어진 돌 위에 물을 붓자 금세 뜨거운 증기가 올라온다. 그가 노래를 부르면서 북을 두드리자 나머지 사람들이 따라 부른다.

아버지가 그렇게 말합니다, 에야요
아버지가 그렇게 말합니다, 에야요
네 할아버지가 보일 것이다
네 가족을 보게 될 것이다, 에야요
아버지가 그렇게 말합니다
아버지가 그렇게 말합니다, 에야요

땀막
16개의 버드나무 가지를 엮어 벌집 모양으로
둥근 천장을 만들어 세우는 원주민 고유의 천막.
크기는 경우에 따라 다르며 전통적으로
들소 가죽을 덮개로 썼으나 요즘에는 담요나
방수포를 사용한다. 땀막 안에는 달구어진
돌을 놓도록 깊지 않은 구덩이가 파여 있다.
에스키모의 이글루와 비슷한 외관이다.

파우와우[*] 때와는 다른 성격의 노래가 수십 차례 불려진다. 입구를 막은 후에는 달
구어진 돌에서 비치는 희미한 붉은 불빛만이 땀막 안을 밝히고 있다. 노래 한 소절
이 끝나면 의식 주관자는 다시 주문을 읊조리며 물을 거듭 돌 위에 뿌려 뜨거운 증기
를 자욱하게 만든다. 그는 말끝마다 '텅카실라^{Tunkasila}'와 '미타큐에 오야신^{Mitacuye Oyasin}'
이라고 덧붙인다. 전자는 '할아버지 신령이시여', 후자는 '우리는 모두 동족이다'라는
뜻이라 한다. 땀막 안의 두세 명이 번갈아 가면서 작은 북을 두드리고 노래가 계속
된다. 어떤 노래는 애절하고 다른 노래는 경쾌하다. 노래가 끝나자 주관자는 기도를
하며 계속해서 물을 돌 위에 붓는다. 20분이 지나자 증기가 땀막 안을 가득 채운다.
보통 사우나에서 쐬는 열기보다 훨씬 더 뜨거워서 이니피 도중 화상을 입는 경우도
있다고 한다.

　20분이 지난 다음 땀막 안을 환기시키는데 그 열기가 살을 뚫고 뼈까지 전해진다.
아니 육체를 관통해 정신의 문을 새롭게 열어주는 듯하다. 몸의 모든 땀구멍을 열고
육체를 깨어나게 하는 기분이다. 이니피 의식 중에는 총 세 번의 휴식이 있는데, 이
때 증기를 잠시 밖으로 빼낸다. 엄청난 양의 하얀 증기가 땀막 밖으로 빠져 나간다.
수증기라기보다는 화재현장에서 나오는 연무 수준이다. 밖으로 나가고 싶은 사람은
이 틈을 이용하여 잠시 나갈 수 있다. 원주민들은 이니피 의식 때 올라오는 수증기를
위대한 영혼의 숨결로 본다. 땀막 안의 온도는 상상을 초월한다. 두세 시간 동안 달구

※ 원을 그리며 추는 춤. 망령의 춤과는 다르게 개별적으로 추는 까닭에 참여하는 사람들의 동작이 제각기 다르다.

라코타, 함께하는 사람들　93

어진 돌은 끊임없이 센 증기를 뿜어 올린다.

한참이 지나자 사람들은 고백의 시간을 갖는다. 대부분 가족의 건강 문제다. 질병으로 가족을 잃거나 고통받는 이들이 많았다. 원주민 친구 엘스톤은 알코올 중독인 두 남동생과 당뇨병을 앓고 있는 두 여동생의 건강을 빌었다. 버팔로심장을가진소년 Buffalo Heart Boy이라는 아이는 알코올 중독인 삼촌이 운전하는 차가 사고 나서 형제가 모두 죽었다고 털어놓았다. 한 사람씩 사연을 들으며 그들의 영혼을 위한 기도를 함께 올렸다. 어느 소년은 고향의 절친한 친구 세 명이 모두 자살했다고 말했다. 자기에게는 더 이상 친구가 없다며 왜 이렇게 되었는지 모르겠다고 울먹였다. 원주민 사회의 자살과 알코올 문제는 상상을 초월하여 많은 피해자를 만들고 있었다. 모두에겐 이렇게 아픈 상처들이 있구나 싶었다. 땀막 안의 사람들은 각자의 고백과 기도가 끝날 때마다 서로 긍정하며 동의하는 표현을 했다. 정화의식에서 이러한 고백은 중요하다. 진실하게 말해야 한다. 고백을 통해 이야기되는 이런 일들이 미국의 땅 위에서 일어나고 있지만 보호구역 밖으로는 제대로 알려지지 못한다. 이들의 고통은 누구의 책임인가. 자연과 지구의 고귀함을 아는 사람들이 아파하며 죽어가고 있다.

이니피를 끝내고 밖으로 나왔다. 추위가 전혀 느껴지지 않는다. 육체와 정신에 쌓인 묵은 것을 떨어내고 나온 기분이다. 정화된 나의 눈에 그린 그래스의 하늘 위로 별이 너무나 맑게 빛나고 있었다. 마음 속에 걸려 있는 근심, 걱정 그리고 욕심이 덜어진

것 같았다. '함께하는 사람들'이라는 의미인 라코타. 난 세계의 가장 작은 공간 안에서
그들과 머물며 그들의 아픔 또한 함께했다.

자기가 걸어다니는 땅을 팔아먹는 사람은 없다.

성난말

백인은 어느 누구를 막론하고

이 지역의 어느 곳에도 정착할 수 없으며

어느 부분도 점유할 수 없다.

또한 인디언의 동의 없이는 이 지역을 통행할 수 없다.

포트 라라미 조약(1868) 중

LOCATED AT THE BASE O

LAMAR

See it.
Feel it.
OSMOS
STERY AREA
Miles - North on Hwy 16 S

USED
CARS
CALL
ANYTIME!
574-4094
391-4491

SMITH MOUNTAIN MOTORS
574-4094

Holiday Inn
EXPRESS®
HOTEL & SUITES

RUSHMORE • KEYSTONE

Krull's MARKET

성난말 조각상
큰바위얼굴이 있는 러시모어 산 부근에 세워지는 성난말 조각상은
앞으로도 40~50년이 지나야만 완성된다. 역대 미국 대통령을 새겨 놓은
큰바위얼굴과 대조를 이루는 성난말 조각상은 완성과 함께
미국 역사의 이중성을 이야기하는 상징적인 조각물로
자리매김할 것으로 평가된다.

초원의 진혼곡

Requiem for the Plains

오늘은 블랙힐스 부근을 지나간다. 오래 전부터 블랙힐스는 원주민에게 은혜로운 땅이다. 몬태나, 노스·사우스다코타, 와이오밍, 네브래스카에 걸친 끝간 데 없는 대평원에서 유일하게 70마일 가량이 산과 나무로 뒤덮인 오아시스 같은 곳이다. 여름이 되면 산 속으로 들어가 사냥하며 지낼 수 있고 겨울에는 병을 치유하는 따뜻한 물이 흐르기 때문에 라코타족에게는 더없이 소중하고 신성시되는 장소이다. 운디드니 학살 이후 오늘날까지 라코타 원주민들은 이 땅을 돌려달라고 요구하고 있다. 1868년 포트 라라미 조약에도 블랙힐스는 원주민의 땅이라고 명시되어 있다. 1980년 미국 대법원은 이 소청을 받아들여 정부는 라코타 원주민들에게 블랙힐스를 반환하라고 판결을 내렸지만 의회가 이를 반대했다.

원주민들은 굴복하지 않았다. 1980년 그들은 블랙힐스를 종교적인 용도로 다시 사용할 수 있게 해달라고 정부에 건의했다. 그러나 재차 거절당하자 원주민 지도자와 전통주의자들은 마침내 블랙힐스를 점거하고 정부군과 대치하게 된다. 고귀한붉은 사람과 프랭크바보까마귀 Frank Fool Crow 추장 등은 그곳에 노란번개 캠프를 만들고 점거에 들어갔다. 이들의 굳은 의지는 결국 정부의 태도에 변화를 가져왔다. 정부와의 협상으로 군인들은 돌아갔고 800에이커의 땅은 드디어 라코타 원주민들이 제례의식을 위하여 사용할 수 있게 되었다. 긴 세월에 걸친 끈질긴 운동으로 라코타 원주민들은 자신들의 땅을 되찾은 것이다. ※

※ 블랙힐스 반환 문제는 여전히 풀리지 않고 있다. 라코타족들은 사우스다코타 서부와 와이오밍 일대를 차지하고 있는 블랙힐스 전체를 되돌려 받기를 요구하고 있으나, 1980년 미국 정부는 100만 달러에 해당하는 보상금을 지급하는 것으로 이 문제를 종결짓고자 했다. 이에 반대한 고귀한붉은사람과 프랭크바보까마귀 추장 등은 블랙힐스 점거에 들어가 블랙힐스에 대한 온전한 소유를 요구했다. 끈질긴 운동 끝에 800에이커에 해당하는 땅을 돌려받았으나 이 면적은 전체 블랙힐스 면적에 비하면 매우 작은 크기이다.

지난가을 래피드시티라는 도시에 가서 1주일 동안 블랙힐스 파우와우를 본 적이 있다. 라코타 말로는 파하사파^{Pahasapa}라고 불리우는 블랙힐스는 원주민에게 세상의 중심이며 '위대한 정령^{Great Spirit}'*과 간절한 기원의 장소이다. 당시 블랙힐스 일대에서 열리는 성난말 기념관^{Crazy Horse Memorial}에 다녀올 기회가 있었다. 이곳은 러시모어 산의 '큰바위얼굴'°에서 그리 멀지 않다. 미국의 네 대통령들을 새겨넣은 큰바위얼굴이 백인들의 영웅이라면 성난말은 위대한 붉은 사람이다.

빅혼 전투에서 앉은소 추장과 함께 커스터 기병대를 물리친 성난말은 그 전공을 인정받아 추장으로 추대되었고 이후 부족의 깨어진 염원을 되살리기 위해 마지막 순간까지 싸웠다. 그는 꾸밈이 없었고 춤추지 않았으며 묵묵하고 조용한 성품의 사람이었다고 전해진다. 사진이 영혼을 빼앗아간다고 생각하여 살아생전 단 한 장의 사진도 남기지 않았다고도 한다. 다른 원주민 추장들이 백인들과의 조약서에 서명할 때에도 그는 마지막까지 남아 부족을 돌보며 보호구역에 들어가 살기를 거부했다. 여러 차례의 조약회담 제의에도 불구하고 "부족민이 걸어 다니는 땅을 파는 사람은 없다.", "나의 땅은 나의 사람들이 죽어서 묻힐 곳."이라며 완강하게 거부했다.

1939년 라코타 추장인 서있는곰헨리^{Henry Standing Bear}는 러시모어 산 조각에 참여한 지올코브스키§를 찾아가 성난말의 석상을 만들어 달라고 부탁한다. 원주민에게도 위대한 용사가 있었음을 만방에 알리려는 의도였다. 지올코브스키는 성난말의 행적에 감

---

* 이 세상의 모든 존재들의 영^靈의 총합을 일컫는 말. 와카탕카^{wakatanka}라고도 불리우며 미국 원주민 문화권에 널리 퍼져 있는 초자연적 존재에 관한 개념이다.
§ 폴란드계 조각가. 러시모어 산의 큰바위얼굴 제작에 조수로 참여했다.

큰바위얼굴

인디언 전쟁을 종결한 미국 정부는
블랙힐스 안에 있는 러시모어 산 절벽에
미국의 대통령 흉상을 새겨 넣었다.
미국 정부가 원주민의 정복자임을
입증하는 것임과 더불어 원주민들이
성소로 여기는 블랙힐스가 미국 정부의
영토임을 확인시키는 상징물이 되었다.
큰바위얼굴이라고 불리는 거대한
이 조각은 KKK단의 일원인
보글름이 제작했다.

명받아 1947년 작업에 착수했고 현재 그의 자녀 열 명 중 일곱 명이 가업을 이어받아 조각 작업을 이어나가고 있다. 1998년에는 조각 작업 착수 50주년을 기념하는 행사가 열렸고 성난말 추장의 얼굴 부분이 완성되었다. 그 이후로 1년에 한 번, 미국의 독립기념일인 7월 4일 하루 동안만 일반에게 공개된다. 앞으로 40~50년 뒤에는 완성된 조각상과 함께 북미 원주민 센터가 세워질 것이라고 한다.

이런 노력과 변화의 조짐 속에서도 블랙힐스는 여전히 뜨거운 감자다. 부근에 있는 소도시인 래피드시티에서는 요즘에도 블랙힐스 반환 문제로 원주민과 백인 사이에 설전이 오간다. 백인들의 주장은 이러하다. "600년 전에 수우족이 이곳에 왔을 때 그들도 이 땅을 힘으로 빼앗았을 것이다. 오늘날 정부가 이 지역을 소유하고 있는 것은 당연하다." 이처럼 어딘가 논리가 맞지 않는 주장을 백인들은 지금까지도 되풀이하고 있다.

러시모어 산은 9·11사태 이후 미국 내 테러 목표 중 3순위에 올라와 있다고 했다. 역대 미국 대통령의 얼굴을 새겨놓은 곳인 만큼 충분히 그럴 만하다고 생각했다. 테러 위험 때문이었을까. 두 번의 엑스선 보안 검색 뒤에야 입구에 들어갈 수 있었다. 공항에서보다 더 난리를 피우는 꼴에 블랙코미디의 한 장면이 떠올랐다.

미국 국민들에게 링컨을 비롯한 이곳에 새겨진 대통령들은 영웅과 같다. 그들 덕분에 미국은 민주주의, 자유 그리고 부를 상징하는 초강국으로 성장할 수 있었다. 그런데 왜 원주민들은 같은 땅에 있음에도 불구하고 그와는 전혀 다른 삶을 살고 있을까? 왜 그들은 1973년 이곳 정상을 점령하고 미군과 대치하는 사태까지 갔을까? 미국 원주민 중 43퍼센트는 스스로가 미국인이라고 의식하지 않는다. 러시모어 산에 새겨진 대통령들은 원주민의 성소를 빼앗고 그들을 처형하라는 명령을 내린 자들이다. 노예해방을 부르짖던 링컨조차도 산티 수우족 39명에 대한 사형 명령을 내린 바 있다고 한다. 이것이 바로 미국의 감추어진 역사가 아니고 무엇이랴.

일과를 마치고 침대에 누우면 곧장 잠이 들어 새벽 서너 시경이면 깬다. 일어나 소지품과 필름을 정리하고 간단한 메모를 하면서 그날 일정을 챙긴다. 새벽 시간이 여러 가지를 정리하는 데 유용하다. 추운 날씨 탓에 감기 기운이 있다. 시계를 보니 겨우 새벽 3시다. 체육관 샤워실에서 몸을 씻고 나니 좀 정신이 난다. 일정 지도를 살펴보면서 오늘은 어떤 지점에서 촬영할지 결정했다.

오늘은 말을 타지 않기로 해서 브랜든이 운전하는 차에 올랐다. 브랜든의 할머니도 운디드니 학살 생존자의 후손이라고 했다. 그의 가족 이름은 잠자는척하는이스티만쿤자 Istiman Kunza, Pretends He's Sleeping 란다. 그의 할머니 가족이 운디드니 학살의 생존자이니 '죽은 체하다'라는 이름이 이해되었다. 원래 그는 백인인데 라코타족의 혈육으로 받아들여지는 의식을 통해 입양되었다. 원주민 사회에서는 간혹 이런 의식을 볼 수 있다.

선댄스
J. K. 무어 주니어가 찍은 것으로 알려진
이 선댄스 사진은 1890년대 촬영되었다.
본래 선댄스 의식은 촬영이 금지된 행사이기
때문에 선댄스 행사를 담은 사진 자료는 거의
찾아볼 수가 없다. 가운데 나무 기둥이 세워져
있고 주변에 원주민들이 모여 있는 것을
볼 수 있다.

오후에는 멀리서 달리는 기수들을 망원경으로 확인하며 뒤쫓았다. 사륜구동 자동차라 해도 평원이 워낙 험해서 갈 수 없는 곳이 많다. 이럴 때에는 말이 얼마나 유용한 동물인지 알게 된다. 인간이 만든 기계보다 더 훌륭한 기능을 지닌 동물이다.

미래를 향한 말타기를 처음 제안한 명사수버질은 이 행사를 '겨울 선댄스'라고도 부른다. 두 행사 모두 조상의 영령을 위로하는 제의라는 공통점이 있기 때문이다. 원주민 전통에서 가장 중요한 의식 중 하나인 선댄스는 7월경에 열린다. 이때는 태양이 가장 높이 뜨고 만물에 생명이 충만해진다. 선댄스는 주술사가 성스러운 나무를 찾는 것에서 시작한다. 사람들이 원을 만들어 춤을 출 때 그 중심에 세워질 나무를 찾는 것이다. 나무를 찾는 동안 아무도 그에게 말을 걸어서도 그를 보아서도 안 된다. 적당한 나무를 찾으면 주술사는 이 소식을 사람들에게 알린다. 그는 나무의 결을 부드럽게 다듬은 후 기둥같이 세워 땅에 고정시킨다. 선댄스에 참여하기 위해서는 사전에 금식을 실천하고 땀막에서 이니피 의식을 거쳐야 한다.

선댄스는 고난의 춤이다. 주술사는 행사에 참여하는 사람들에게 다가가 몸의 여기저기에 물감을 칠한다. 나중에 가죽끈을 매달 부분을 표시하는 것이다. 칠해진 부분의 살을 도려내어 나무 기둥에 걸려 있는 가죽끈과 연결한다. 경우에 따라서는 여러 곳이 뚫려 매달리기도 한다. 고통 속에서 환영을 구하며 우주와 소통하려는 의도이다. 앉은소는 빅혼 전투 중 자신의 살을 베어 바치는 의식을 통해 부족의 운명에 대한 계

성난말의 고향
원주민 지도자이자 교육자인 마르셀 불베어(가운데 서 있는 사람)가
카일의 리틀운드 학교에서 온 원주민 학생들을 대상으로 지역의 역사에 대해서
설명하고 있다. 카일에서 30마일 떨어진 완블리는 성난말 추장의 출생지이자
옛날부터 오늘날까지 원주민들이 독수리를 잡는 사냥터이다.
또한 매년 선댄스 행사가 열리는 곳이기도 하다.

시를 보았다고 한다.

언뜻 오늘날처럼 문명화되고 디지털화된 사회에서 이와 같은 원주민들의 의식은 원시적이거나 미개한 것으로 보일지 모른다. 19세기 후반 미국인들도 망령의 춤을 사악한 것으로 간주했다. 그러나 원주민 문화에서 꿈과 환영[*]은 매우 중요한 요소이다. 우리 전통문화에서 무당이 굿을 통해 영혼과 소통하려는 것과 일맥상통한다.

원주민들의 망령의 춤도 같은 맥락이다. 의식 참가자들은 둥근 원을 따라 빙빙 돌며 영혼이 몸을 떠나 자유로워질 때까지 노래를 부르며 춤을 추다가 정신을 잃고 쓰러진다. 파우와우 또한 비슷하다. 신년에 열리는 이 행사는 아침부터 밤늦도록 이어지며 사실상 자는 시간을 제외하고 사나흘간 춤이 계속된다. 북소리가 우렁차게 울리고 노래가 뒤따른다. 격식을 갖춰 노래를 부를 땐 둘러앉은 10여 명의 성인 남자들이 큰 북을 두드리는 가운데 리더가 선창을 하고 나머지가 따라 부른다. 가끔 여자들이 뒤에 서서 합창에 참여하기도 한다. 북소리와 노래는 서 있는 사람들이 온몸으로 소리와 진동을 느낄 수 있을 만큼 대단한 힘을 지니고 있다. 원주민 노래는 우리 전통음악과 비슷하게 5음계로 구성된다. 몸과 마음의 힘을 체험하게 만드는 파우와우는 원주민의 정체성을 가장 잘 보여주는 문화행위이다.

※ 원주민 문화에서는 오래 전부터 초자연의 힘을 믿는 전통이 내려오고 있다. 특히 깨끗한 정신과 육체를 중시해 이니피의 정화의식을 통한 환영의 체험을 강조한다. 이러한 환영을 통해 원주민들은 자연과 교감하고 삶의 여정을 오가며 사후의 세계를 경험한다. 이로써 죽음을 삶의 또 하나의 연장선으로 여기게 된다.

1960년대 후반 원주민 운동과 더불어 전통문화를 복구하려는 전통주의자 traditionalist*들은 자신들의 정체성을 되살리는 중요한 의식을 계속 부활시켰다. 원주민들이 정체성의 위기를 겪는다고 하지만 이들의 공동체는 폭력에 눌려 있었을 뿐이다. 이들은 자신이 누구인가를 내면에 간직하고 있던 것이다. 이러한 전통행사 외에도 원주민 사회를 결속시키는 것은 다름 아닌 종교이다.

현대 문명사회와는 사뭇 다른 원주민의 신앙에는 현재 크게 두 가지 갈래가 있다. 하나는 위대한 정령이고, 다른 하나는 페요티즘 Peyotism이다. 전자가 전통신앙이라면 후자는 기독교와 원주민 종교의 교리가 혼합된 아메리카 원주민 교회이다. 페요티즘에서는 위대한 정령과 예수 그리스도를 동일한 신으로 간주한다. 신기한 것은, 이처럼 기독교적인 성격이 혼합된 가운데서도 환영이 중요한 부분으로 기능한다는 사실이다.

신자들은 환영을 얻기 위하여 페요테로 만든 음료를 마시고 예배를 본다. 페요테의 한 성분인 알칼로이드가 환영을 유발한다. 이러한 환각 성분이 사람마다 다른 반응을 일으켜 안 마시는 사람도 있다. 페요테는 주로 미래를 예언하거나 피로를 달래는 데 쓰인다. 이 종교는 1891년 코만치족과 키오와족으로부터 시작되어 급속히 전파되었다. 이 시기에 원주민은 남은 영토마저 빼앗기고 버팔로도 멸종되어가던 터라 페요테는 공동체 의식과 전통문화를 지키는 주요한 수단이 되었다.

아메리카 원주민 교회가 페요테를 사용하기 시작한 것은 1917년부터이다. 오늘날

* 백인들이 금지시킨 원주민 전통행사와 의식 등을 지속적으로 계승하고 이를 통해 정체성을 지켜나갈 수 있다고 믿는 사람들. 오늘날 보호구역의 원주민들은 크게 추장 가문에 속해 있는 전통주의자들과 백인에 동조하는 주민들로 나뉜다. 백인 문명이 공동체를 살릴 수 있다고 믿는 사람들이 부족 정부 인사들 중 상당수를 차지하고 있다.
§ 선인장의 일종으로 멕시코 북부와 텍사스 남부에서 자란다.

원주민 문화와 기독교 선교

콜럼버스의 아메리카 대륙 발견 이후로 유럽인들은 끊임없이 기독교를 전파하고자 힘썼다. 일반적인 미국 사회에서의 절대적인 영향력에 비해 원주민 사회에서 기독교의 입지는 상당히 약하다. 원주민들에게 기독교는 자신들의 문화를 탄압하고 배척하는 백인들의 침탈 수단으로밖에 보이지 않았기 때문이다. 사진은 뉴멕시코 주에 있는 기독교 선교 간판. 성인용품을 파는 가게 옆에 세워진 간판이 아이러니컬하다.

신자가 30만 명이 넘을 정도로 이 종교는 원주민들을 하나로 묶어주는 역할을 한다. 페요티즘은 절제된 생활을 강조하며 술과 약물 복용을 금지한다. 이것은 원주민의 도덕적 통합을 위한 정체성 유지의 한 방편이다. 보호구역 내 원주민들은 장례식이 열리기 전 밤새도록 페요테 예배를 거행하기도 한다. 연방의회는 원주민 전통 종교의식에 쓰이는 페요테의 사용과 운반, 소유가 합법이라고 판결했다.

유럽인들은 북아메리카 대륙을 발견한 뒤로 자신들의 기독교 교리를 전파하고자 애써왔다. 그러나 그 노력에는 순수한 선교라기보다 원주민의 고유문화를 정복하고자 하는 의도가 다분했다. 나바호 구역에서는 교회나 성당에 나가는 원주민이 많다. 하지만 중부 대평원의 보호구역에 가면 기독교 선교 활동은 여전히 초기 단계에 머물러 있다. 선교단이나 백인 목사들이 이들을 개종시키고자 한 것이 족히 200~300년은 넘을 텐데 기독교는 왜 아직도 원주민들 사이에 자리잡지 못하고 있을까.

원주민들은 부족 공동체 내에서 자체적인 종교 생활을 해 왔다. 그들은 새로운 종교의 강요에 저항했고 이에 대해 백인 선교단은 군대를 동원한 탄압으로 일관했다. 일례로 1799년 선교단과 스페인 군대는 원주민의 저항을 억누르고자 캘리포니아의 산타바바라에서만 약 4000명의 원주민을 사살했다. 1492년 콜럼버스가 도착했을 당시만 해도 아메리카에는 500개의 언어 공동체와 2000만 명 이상의 원주민이 있었다고 한다. 그러나 현재는 250개 부족에 약 300만 명이 남은 것으로 추정된다. 그나마

초원의 진혼곡 **129**

19세기 말 20만 명으로 줄어든 뒤 100년에 걸쳐 이만큼 회복한 것이다. 여기엔 환경 변화도 한몫했다. 원주민들은 자연과의 조화, 공생의 세계관, 정신 문화를 소중히 여기며, 땅의 공동 소유, 자족하는 삶을 실천해 왔다. 백인들의 지배 하에서 수백 년의 기독교 선교가 실패한 이유는 여러 가지가 있지만, 원주민 사회가 점차 멸망해 가고 있는 상태에서 그들에게 기독교는 생존을 위한 수단이지 대안이 결코 아니었던 것이다.

손태규 성공회대학교 교수는 이렇게 분석한다. "500년 전 콜럼버스의 항해는 기독교적 세계 선교 명령과 더불어 식민주의 내지는 제국주의적 세계화 의지가 가장 선명하고 구체적으로 결합된 것이다." 손 교수의 글에 대한 역사적 근거를 대기라도 하듯 콜럼버스의 둘째 아들은 이런 말을 남겼다. "하느님의 지존하심은 인디오들을 우리 손에 넘겨주었을 뿐 아니라 그들에게 생필품의 부족과 질병까지도 보내주어 그들의 숫자가 전에 비해 3분의 1로 줄어들게 하셨다. 이것을 통해서 분명해진 것은 오직 하느님의 손과 그의 고귀한 뜻을 통해서 그 같은 놀라운 승리와 원주민들의 굴복이 가능하게 되었다는 것이다." 신대륙 개척과 더불어 원주민의 멸망에는 사실상 기독교 교리가 자리잡고 있는 것이다.

몇십 년이 지난 오늘날, 여전히 기독교 선교는 힘들어 보인다. 원주민들이 무엇을 필요로 하는지 이해하지 못하는 한 보호구역 안에서의 원론적인 선교는 제자리걸음일 수밖에 없는 것이다. 그만큼 원주민의 역사적 상처가 깊다. 반면, 1970년대 이후 지속되고 있는 선댄스와 페요티즘은 원주민 공동체를 더욱 단단히 결속시키고 있다. 생계와 생존을 위협받는 원주민들에게 이러한 전통문화가 유일하게 희망을 걸고 기댈 수 있는 정신적 지주가 아니고 무엇이겠는가. 원주민의 성소인 블랙힐스가 반환되지 않고 있다는 사실은 곧 이들의 정체성을 위협하는 미국 백인 사회의 차별과 멸종 정책이 여전하다는 증거로밖에 생각되지 않는다.

말타기 여정이 중반을 넘어서자 사람들과 친해져서 갈수록 여행길이 편안해진다. 나와는 판이하게 다른 문화적 배경을 지닌 원주민들이지만 모두들 참으로 따뜻하고 친절하다. 오늘도 식사 때마다 잘 먹었냐는 말을 열 번도 더 들었다. 다들 너무나 고맙다. 이들이 블랙힐스를 온전히 돌려받기를 바랄 뿐이다.

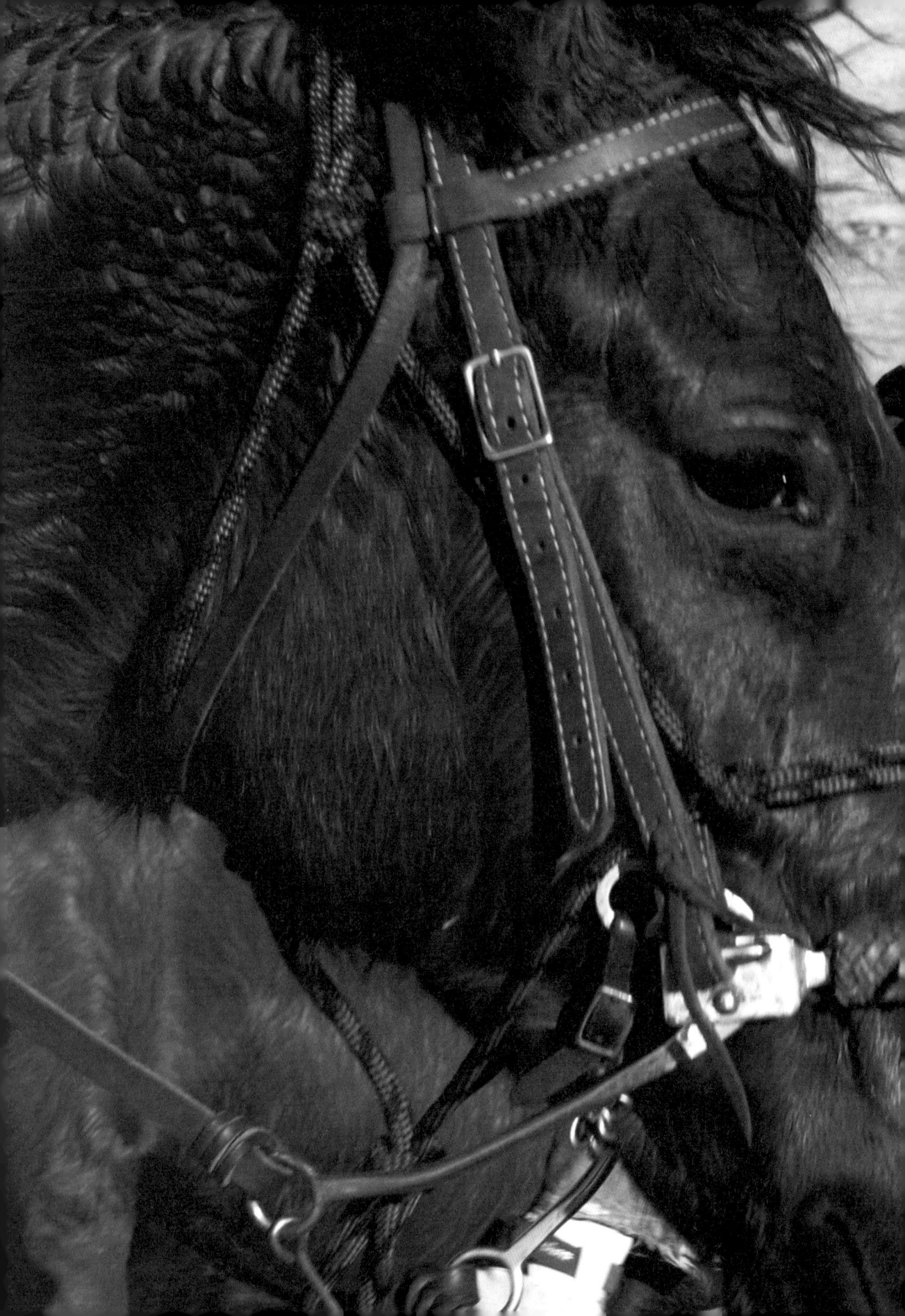

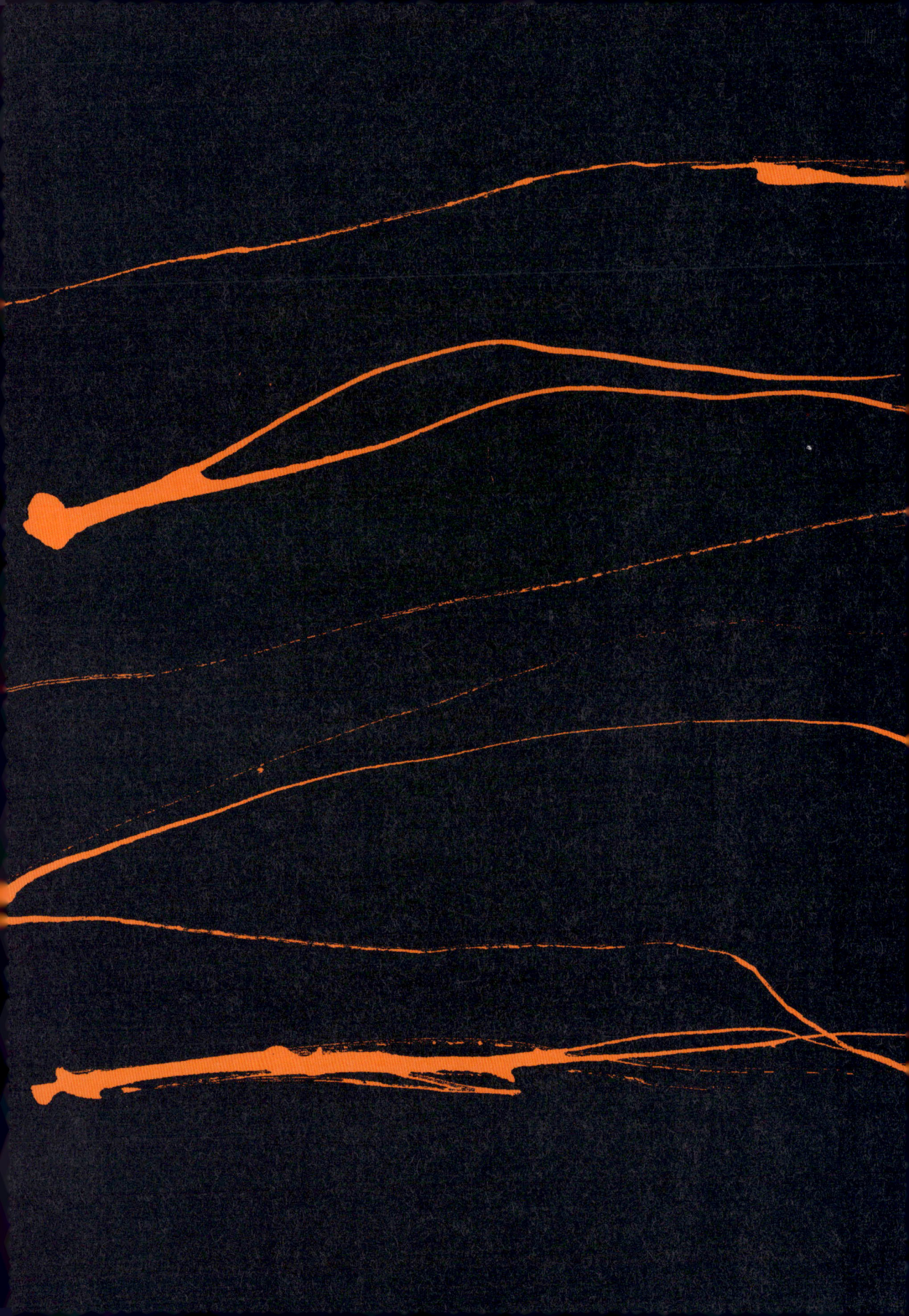

와카탕카, 위대한 정령이시여,

저의 마음과 생각, 저의 직관과 지식,

저의 육감과 제 영혼의 축복에 대한

믿음을 지닐 수 있도록 인도해 주시옵소서.

그래서 제가 제 안의 신성한 공간으로 들어가

두려워 말고 사랑할 수 있도록,

그리하여 찬란한 햇살을 받으며

균형을 유지한 채 살아나갈 수 있도록

저에 대한 믿음을 갖도록 인도해 주시옵소서.

라코타족 기도문

나바호 마을 의식
나바호에 있었던 가을 축제의 한 장면.
이웃 주민들이 빈 자루를 하나씩 들고 오면 마을 어른들이
축제음식을 넣어준다. 일렬로 서서 자루에 음식을
받아 가려고 기다리는 원주민 아이들.

대지의
잊혀진 사람들

Forgotten People of the Earth

12월 21일 오늘은 브리저로 향한다. 초기 말타기 행사인 '큰발 추장 추모 말타기'가 시작된 곳이다. 행사의 첫 주가 1890년 12월 15일에 죽은 앉은소 추장을 기리는 말타기라면 12월 29일까지 진행되는 나머지 한 주는 큰발 추장의 여정을 따라가는 추모 행사다. 브리저에 다다르면서 행사의 중반부가 끝난다.

두 주일간의 행사에는 인근 도시에 사는 원주민들도 결합한다. 래피드시티에서 온 원주민을 여럿 만났다. 보호구역의 원주민보다 좀 더 부드러운 인상이었다. 새로운 사람들이 매일 합류한다. 30여 명의 공동체가 점점 커지는 느낌이다. 미국 정부 그리고 짐작컨대 전 세계에서 아무도 관심을 두지 않을 이곳에서 이렇게 새로운 사람들과 완벽한 공동체를 이루고 생활한다는 것이 묘한 느낌을 자아낸다. 그들의 친절함 덕분인지 공동생활에서 불편은 전혀 없다. 아마도 원주민 전통의 생활양식이기 때문일 것이다.

여름과 가을을 보낸 서남부 나바호 지역에서도 원주민들과의 생활은 더없이 좋았다. 이들에게는 공동체라는 개념이 여전히 살아 있었고 생활의 중심을 이루고 있었다. 지난가을 애리조나의 레드록밸리 마을에서 만난 조지 부부의 초대로 사흘간 마을의 가을 의식에 참여할 수 있었다. 공동생활을 하는 이 기간을 원주민들은 모두 기쁘게 맞이한다. 나바호 지역에서는 대개 마을마다 9월부터 마을 의식을 시작한다.

마을 단위로 행사가 진행되면 이웃 마을과 연대해서 의식을 행하고 음식과 선물을 나눈다. 2000~3000명 이상의 주민이 있는 마을에서는 '예비체이 ^{Yei Bi Chai}'라는 전통의식을 밤새도록 치르기도 한다. 예비체이는 풍요로운 계절을 허락한 신에게 감사하고 수확을 함께 나누는 시간으로 미국의 '추수감사절 ^{Thanksgiving}'에 해당한다. 밤새도록 주민들이 모여 가면과 전통의상을 입고 춤을 춘다.° 서로 다른 마을에서 온 사람들로 구성된 열 무리 정도의 댄서들은 호리병 흔드는 소리에 맞추어 대열을 이루었다 흩어지는 여러 동작을 반복한다. 다른 주민들은 피워 놓은 불 주변에 앉아 담요를 둘러쓰고 새벽까지 예비체이를 지켜본다.

조지와 그의 부인인 룰라는 결혼 60년을 넘긴 부부로 증손자도 있다. 나바호 지역에서 만난 몇몇 노인들은 아흔 살을 넘기고도 정정한 모습이다. 5대가 같이 사는 집도 보았다. 이 기간에는 가까운 친척, 이웃이 모여 풍성한 가을을 감사한다. 더불어 이웃 마을끼리 음식, 과자, 음료수 등을 한 자루 가득 채워 나눈다. 이러한 잔치가 사나흘간 계속된다. 축제 기간 중 이들이 행하는 큰 의식 중 하나는 양을 대여섯 마리 잡아서 제사를 지내고 음식을 만들어 먹는 것이다. 지금은 이토록 풍요로운 공동체를 유지하고 있지만 이들에게도 다른 원주민들처럼 깊은 아픔이 서려 있었다.

조지는 젊은 시절 우라늄 광산에서 일한 몇 안 되는 생존자 중 한 명이다. 몇천 명에 이르는 나바호 원주민 남자들이 우라늄 광산에서 일하다가 대부분 사망했거나 병들어 있다. 조지는 스스로 운이 좋았다고 한다. 이 지역 원주민들은 핵개발의 희생양이었다.

나바호 가을 축제
나바호 가을 축제에서는 원주민 특유의
조형성을 보여주는 가면이 중심에 등장한다.
지역별로 독특한 개성이 있는 마을 의식은
고유의 공동체 문화를 재현함으로써
정체성을 확인하고 연대감을 쌓는 데 큰 도움을 준다.
사진은 아파치 크라운 댄서.
인근에 사는 아파치족과 나바호족은
사촌지간처럼 돈독하며 서로를
가을 축제에 초대해 우의를 다진다.

2차 세계대전 이후 미국은 소련과의 군비 경쟁에서 우위를 점하기 위해 우라늄 광산을 개발하기 시작했다. 냉전이 시작되자 정부는 우라늄이 발견된 보호구역의 원주민을 대거 광부로 채용했다. 당시 생존의 위기에 처해 있던 원주민은 새 일자리를 선뜻 반겼다. 여기서 캐낸 우라늄은 핵탄두와 포탄의 재료로 사용되었다. 하지만 제대로 된 보호 장비를 지급받지 못한 원주민 광부들은 방사능에 노출되었고 점점 죽어가기 시작했다. 중요한 것은 미국 정부가 우라늄의 위험성과 보호 장비의 필요성을 외면한 채 이러한 사태를 방치했다는 점이다. 통계상으로는 대략 6000명의 나바호 원주민이 우라늄 광산에서 일한 것으로 나타났다. 얼마 전 미군은 이라크전 당시 열화 우라늄탄을 사용한 것이 밝혀져 국제 사회에서 비난을 받은 바 있다. 이 포탄은 인간에게 돌이킬 수 없는 후유증을 가져다 주었다. 이때 이라크의 어린이들 중 기형아들이 많이 태어났다고 한다.

우라늄 피해자 모임에 가서 만난 얼이라는 원주민은 지금 48세인데 우라늄 광부였던 아버지와 함께 어렸을 적부터 광산에 살았다고 한다. 광산 부근의 웅덩이에서 헤엄치며 놀기도 했다고 한다. 그 때문일까. 지금 그의 가족 중 건강한 사람이 없다. 할아버지, 아버지, 아들, 딸 모두 병원에 다니지만 일시적인 처치를 받을 뿐이며 자신들은 죽는 순간까지 아플 것 같다고 불안해했다.

튜바 시 근처의 한 원주민 마을에서는 우라늄 침출수로 인해 많은 사람들이 암에

우라늄 피해자 얼과 그의 아버지
우라늄 피해자 모임에 나타난 얼(좌)과
그의 아버지(우). 얼의 아버지는 23년간, 얼은
4년간 광부로 일했다. 얼은 어린 시절 아버지를
따라 오래 전부터 우라늄 광산 부근에서 살았다.
그 당시 위험한 줄도 모르고 광산 부근
물 웅덩이에서 놀았다고 한다. 후에
그 물은 우라늄 침출수로 알려졌다.

걸렸다. 광산 종사자에게 가장 많이 나타나는 증상은 폐암이며, 정체를 모를 질병들도 여러 가지라고 한다. 당장 시급한 것은 폐광의 폐쇄이다. 나바호 지역에만 약 1100여 개의 우라늄 광산이 있다. 내가 들른 애리조나 코브※의 한 마을에는 남편들이 모두 죽어 미망인과 아이 몇 명만이 삶을 이어나가고 있었다.

　세상엔 용서가 가능한 일과 그렇지 않은 일이 있다. 이 일은 과연 용서가 가능할까? 그렇다면 누구를 용서할 것인가? 우라늄 피해자들은 스스로를 냉전의 희생자라고 위로한다. 이와 같은 상황에서도 미국 정부는 태도를 바꿀 조짐이 여전히 없다. 또다시 2005년에 보호구역 안에서 착수될 새로운 우라늄 광산 계획을 의회와 협의해서 통과시키고 만 것이다. 피해자 모임에 가면 한없이 울며 탄식하는 미망인들을 만날 수 있다. 그곳에서 만난 원주민 청년 필 해리슨 ^{Phil Harrison} 은 나바호 우라늄 피해 가족을 위해 평생 일하기로 다짐한 사람이다. 그의 아버지도 우라늄 광부였고 폐암으로 사망했다. 수많은 피해자가 속출하고 있지만 원주민들은 아무런 대책 없이 하소연만 할 뿐이었다. 그는 누군가 나서서 이 문제를 해결해야 한다고 생각했다. 스스로 발로 뛰며 알아보면서 현재는 방사능노출 피해 보상 운동 사무실을 운영하고 있다. 그는 이 사무실에서 미국 정부의 우라늄 광산 정책과 법적 타당성 등에 관한 자료를 찾고 정리하며 그 내용을 원주민 지역마다 다니면서 설명한다. 이 일로 그가 보호구역 안에서 지난 4년간 이동한 거리가 32만 킬로미터에 이른다고 한다. 그는 또한 우라늄 광산의 피해

※ 애리조나 나바호 구역 안에 있는 우라늄 광산 지역 중 하나.

를 입은 원주민들의 인터뷰를 기록한 『비바람과 함께 기억은 우리를 찾아온다 Memories Come to Us in the Rain and the Wind 』(1997)를 공동으로 발간하기도 하였다.°

정부는 보호구역 내에서 더 이상의 우라늄 광산이 없을 것이라고 말한다. 그러나 원주민 사회와 연방정부간의 갈등의 골은 계속 깊어간다. 현재 원주민 부족 정부 Tribal Government 는 국제원자력기구에 이 사실을 알리는 등 우라늄 광산 문제를 국제적인 이슈로 부각시키고자 노력 중이다. 그러나 미약한 정치력 때문에 아직 갈 길이 멀다고 한다. 이들 피해자들은 현재 보호구역 내 병원에서 대면조사를 받고 있으며 정부의 특별관리 대상°이다.

오늘 출발지였던 체리크리크에서 브리저를 향해 서부로 더 들어가면 원주민들의 성소였던 블랙힐스와 래피드시티가 나온다. 래피드시티는 도시 자체가 원주민 역사의 한을 안고 있다. 악명 높은 커스터 장군의 소문에 놀아난 백인들이 블랙힐스의 금을 캐고자 몰려왔고, 이들을 위해 만들어진 도시가 바로 래피드시티다. 래피드시티에는 현재 5만 명 정도가 살고 있으며, 그중 수우족 원주민은 약 3분의 1 가량이다.

한 가지 특이한 사실은 블랙힐스가 원주민들의 성소임에도 불구하고 그 부근에 인종주의자들이 많다는 점이다. 종종 의문의 살인사건도 일어나는데 보호구역 안에서 나는 실제로 몇 번 사건 현장을 목격한 적도 있었다.§ 더 놀라운 것은 백인 우월주의의 상징인 큐클럭스클랜 Ku Klux Klan 본부가 래피드시티에 있다는 사실이다.

1492년 이후 백인들은 원주민 땅을 빼앗는 일을 정당화하기 위해 '명백한 운명 Manifest Destiny'이라는 이데올로기를 만들어 냈다. '원주민 지배는 하느님의 뜻이며 그것이 바로

※ 나바호 구역 안의 병원에서는 우라늄 광부와 그 가족만을 치료하고 상담하는 의사들이 있다. 이들은 모든 진료 기록, 경과 등을 자세하게 기록한다. 이것은 앞으로 미 정부 내 기밀 해제 전까지 일절 밖으로 알려지지 않는다. 민감한 사안이므로 특별관리 대상인 것이다.

§ 처형 방식의 살인 현장을 목격하기도 했다. 차 안에 남녀 세 명이 머리에 총을 한 방씩 맞고 죽어 있는 상태였다. 이런 사건들은 대개 원주민 신문에만 보도되며 외부의 주류 언론으로는 알려지지 않는다.

강의 중인 필 해리슨
우라늄 피해자 모임에 찾아가
우라늄 피해 보상 등에 관하여
강의하고 있는 필 해리슨.

명백한 운명'이라는 것으로, 유색인종을 말살하고 땅을 빼앗는 것에서 양심의 가책을 피하기 위한 표어이다. 영토를 지배하는 과정에서 생긴 저항을 해소하기 위한 방어책으로 원주민의 모든 땅과 자연은 백인들이 책임진다는 논리다. 이 밖에도 백인들은 '발견주의 원칙 The Doctrine of Discovery'이라는 개념을 통해 자신들의 원주민 정복을 다시한 번 정당화했다. 이 원칙은 '새롭게 발견된 영토는 그것을 발견한 국가가 갖는다'란의미로서 교황의 지배 하에 있던 유럽의 여러 나라들이 십자군 전쟁 이후 이슬람권에의해 막힌 항로를 개척하는 과정에서 나온 것이다. 각 나라는 영토 문제가 더욱 복잡해지고 새로운 영토에 대한 서로의 요구가 충돌하자 이를 해결하기 위해 이러한 해답을 만들어 낸 것이다. 이 '발견주의 원칙'과 '명백한 운명'이 역사적으로 원주민의 운명을 결정했다고 해도 과언이 아닐 것이다.

이와 같은 백인들의 미국 개척에 대한 정당화 과정 속에서 원주민들은 정체성 혼란을 겪을 수밖에 없었다. 특히 젊은 세대 대부분은 미국의 주류 사회에 동화되고 흡수되었다. 그러나 이러한 현상을 두고 원주민들이 그들의 정체성을 잃었다고 단정지을 수는 없다. 1960년대 말부터 시작된 원주민 운동은 정체성 회복에 노력을 기울였고 이 덕분에 많은 전통들이 되살아났다. 많은 원주민 예술가와 학자들이 배출되었고미디어를 이용해 공동체 안에서 원활한 소통도 꾀하고 있다. 또한 고유언어 교육에도관심을 기울여 부족어 사전을 발간하고 발표행사도 개최하고 있다.

래피드시티는 원주민의 정체성을 찾아나가려는 움직임이 가장 활발하게 전개되는지역 중 하나이다. 여기에는 원주민 대학이 있고 잘 짜인 프로그램에 따라 원주민의

: 1866년 남북전쟁에서 남부군이 패하고 노예제가 폐지되자 참전 장군인 베드포드 포레스트 Bedford Forrest가 흑인을싫어했던 휘하 군인들과 조직한 비밀결사단. 흑인들을 대상으로 무차별한 테러를 가했으나, 주 연방이 1870년이들의 폭력을 단속한 뒤 연방법을 새롭게 제정한 이후 형식적으로 해체했다. 1915년 조지아 주에서 활동을 재개한 뒤 오늘날 그 회원수는 적지만 다시금 세력을 펼치는 양상을 보이고 있다.

역사, 법, 언어 등을 공부할 수 있다. 원주민 교육자 또한 만날 수 있었다. 래피드시티의 원주민 대학 강사들은 보호구역 안에 있는 여러 다른 대학과 교육 센터에서 강의를 한다. 성소인 블랙힐스 부근인 만큼 더더욱 원주민 역사와 전통을 보급하고 회복하려는 운동이 열심인 것이다. 원주민들은 오늘도 스스로 '우리는 누구인가'라는 질문에 답을 준비하고 있다. 원주민에게 정체성이란 단순히 혈통의 문제가 아니다. 서서히 일어나는 전통의 부활은 이들의 정체성을 다시 정립하는 계기가 될 것이다.°

오후에 도착한 브리저에는 석양에 비친 샤이엔 강이 흐르고 있었다. 오래전 라코타 사람들이 모여 살던 곳이자 미군들과의 전투에서 많은 원주민들이 학살된 장소이다. 강의 물줄기를 바라보고 있노라면 시간이 역행하여 과거의 이미지들이 머릿속을 헤엄친다. 강가에서는 늘 설명 못할 그리움이 피어오른다. 나에게 강은 그리움의 장소이다. 2년 전 할머님이 돌아가신 날 뉴욕 집에서 절을 올리고 하루 종일 허드슨 강가에서 시간을 보냈다. 라코타 사람들도 다르지 않으리라. 그들도 이 샤이엔 강가에 서서 잃어버리거나 떨어져 있는 가족들을 회상하지 않을까.

우리 일행은 황금빛으로 빛나는 들과 강가에 숙소를 만들고 말들을 쉬게 했다. 오늘부터는 야외에서 지낸다. 날씨가 풀려서 얼어붙은 강물이 흐르고 그 사이로 찰랑이는 물결이 보인다. 내일은 이곳에서 하루 동안 휴식을 취한다. 사람들과 대화가 늘어가며 조금씩 원주민들에 대해 배워 나간다. 바라보고 있노라면 이들이 자연과 가장 가까이에서 살고 있는 사람들임을, 자연을 그대로 닮은 사람들임을 알게 된다.

석양 속에서 큰발 추장의 아름다운 티피 마을을 상상해 본다. 수백 채의 아름다운 티
피들이 서 있다. 아이들은 강가에서 뛰어 놀고 여인들은 음식을 만든다. 모두 웃으며
즐거워한다. 말을 탄 전사들이 사냥에서 돌아온다. 한여름 저녁시간에 함께 모여 춤
추고 기뻐하는 라코타 사람들을 바라본다. 아름다운 한 폭의 그림이다.

래피드시티에 있는 원주민 동상
래피드시티 프레리 엣지에 있는
원주민 동상. 기단에는 원주민의 역사와
멸망을 들려주는 다음과 같은 시구가
새겨져 있다. "수우족과 평원 원주민들은
그들이 살던 터전에서 옮겨져 보호구역
안으로 들어오게 되었다. 그들의 두 손은
묶여 있을지라도 고향을 향한 그들의 꿈은
아직 살아 있다."

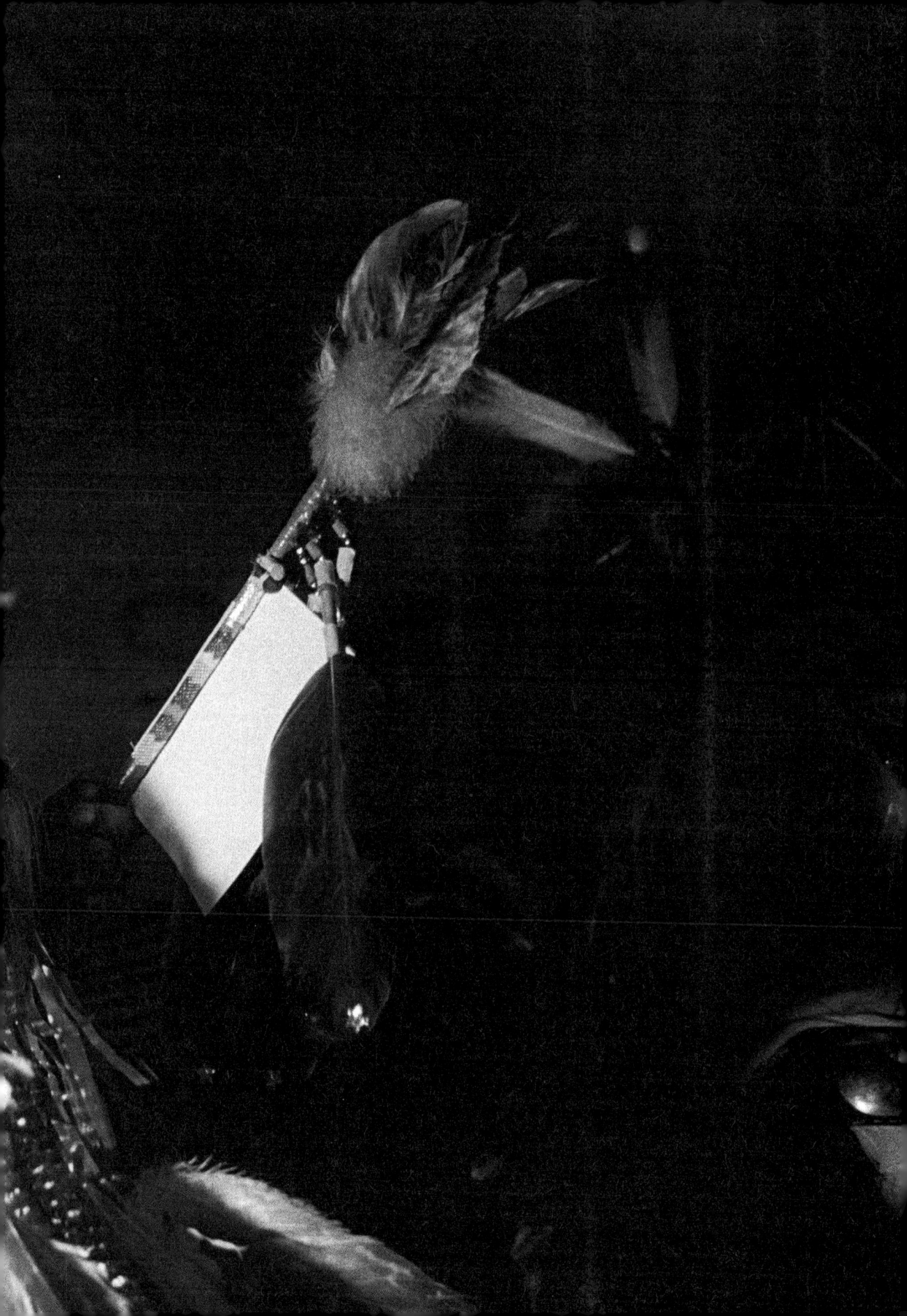

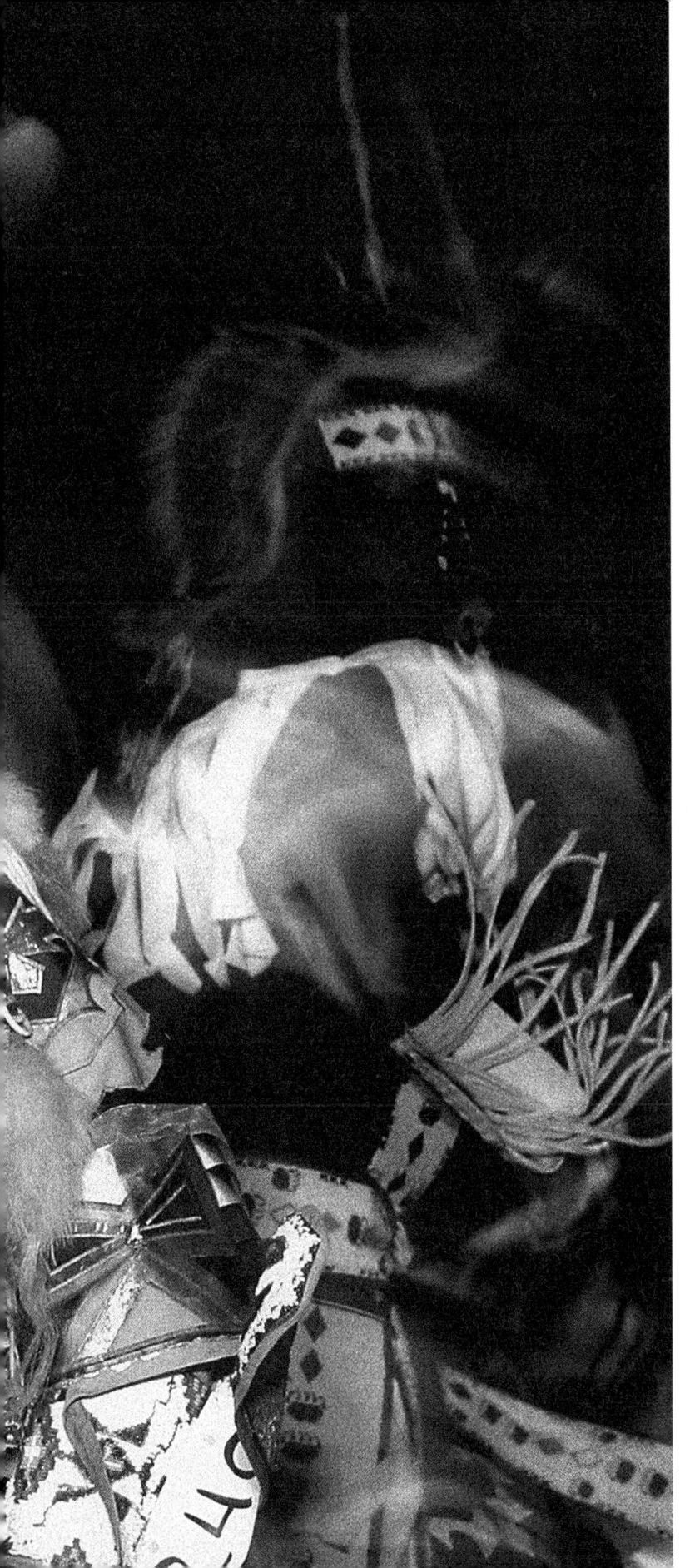

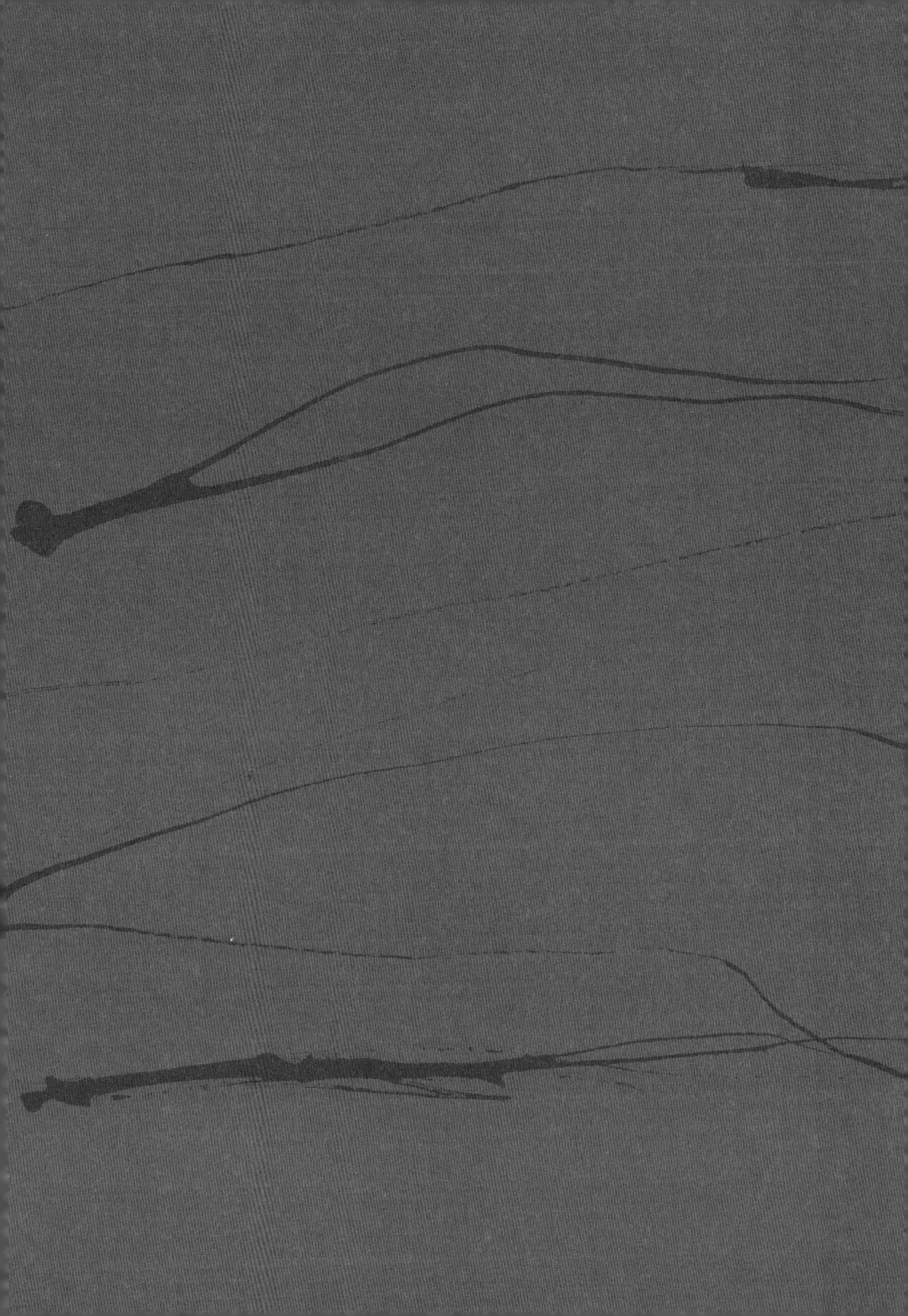

아름다운 티피는 좋은 어머니와 같다.
티피가 있어 어머니는 아이들을 포옹할 수 있고,
더위와 추위, 폭풍우와 비를 막을 수 있다.

수우족 속담

원주민 마을
원주민들의 생활풍습이 보이는 이 기록사진은
원주민들이 어떤 생활방식을 영위해 왔는가를 보여준다.
강가에서 물을 먹는 말 무리와 강변을 따라 형성된
티피 마을은 원주민 특유의 유목민적이고
자연과 가까운 생활상을 엿보게 해준다.

조화와 평화

Harmony and Peace

얼어붙은 샤이엔 강이 너무나 정겹다. 원주민들은 예전부터 살 곳을 찾아 이주하는 생활을 영위해 왔는데, 대개 강을 중심으로 마을이 형성되고, 티피들도 강가를 따라 세워졌다고 한다. 샤이엔 강 주변으로 누렇게 변해버린 풀밭이 넓게 펼쳐져 있다. 강은 가운데만 제외하고는 얼어붙어 있어 가장자리에서는 어린아이들이 얼음을 지치며 즐거워하고 있다. 조그만 샛강과 아름다운 마을. 100년 전의 기록사진에는 샛강 옆으로 수백 개의 티피가 서 있다. 이제는 원주민들의 머릿속에 잔상으로만 남아 있는 풍경이다.

원주민들은 세상 만물을 자신들과 동일한 생명체로 여긴다. 우주에 존재하는 모든 것에 생명이 깃들어 있다고 생각한다. 원주민의 종교관에는 이분법적 대립에 의한 단절이나 정복, 지배 대신 자유와 조화의 감정이 자리하고 있다. 원을 만들어 모여 맨발로 대지를 밟으며 춤을 추거나 몸에 그림을 그리며 제의를 올리는 이들의 관습은 자연 그리고 우주와 소통하려는 행위이다.

이들은 세상을 이루는 네 가지 요소로 물, 불, 공기, 흙을 꼽는다. 물은 인간의 몸을 이루고 대지를 형성한다. 그리고 그것은 다시 구름과 비, 강으로 순환하고 소멸하고 재생된다. 지구를 자신의 몸과 같이 생각하는 이들에게 강은 지구의 혈관이다. 한편, 불은 교감의 기능을 한다. 원주민들은 중요한 대화를 할 때 불을 응시하며 서로의 교감을 확인한다. 불을 바라보며 그들이 가진 힘을 재발견한다고 한다. 흙은 식량과 약

(약초)을 주고, 인간을 정화시킨다. 생명은 대지 속에 있으며 인간은 대지를 소유할 수 없다고 생각한다. 오히려 대지가 인간들을 소유한다고 믿는다. 공기는 모든 생명체를 숨쉬게 만든다. 공기와 바람은 사람이 태어날 때 첫 숨을 주고 마지막 숨을 거두어 가며 모든 동식물에 생명을 선사한다. 이렇듯 세상 만물에는 위대한 정령이 주신 생명이 깃들어 있기 때문에 벌레 하나 풀 한 포기조차도 마음대로 해쳐서는 안 된다. 원주민들에게 자연은 정복의 대상이 아닌 존엄의 대상인 것이다.

원주민들은 이렇게 살아갈 때 비로소 그들의 영혼도 건강히 유지할 수 있다고 믿는다. 서구의 지성들은 현대사회가 당면한 여러 문제를 극복하는 방법 중 하나로 원주민들의 사상을 거론하기도 한다. 유럽인들에 의해 정복당하기 전만 해도 환경, 생명, 복지, 인권 등 모든 영역에서 원주민 사회는 오늘날 현대 문명사회가 잃어버린 미덕을 지니고 있었다. 원주민들은 자연 속에서 정신과 육체의 완벽한 일치를 지향하며 매우 절제된 생활을 했다. 그래서 자연의 흐름과 기후까지 예측할 수 있었다.

아침에 존이 얼음을 깨고 강 중간까지 흙을 뿌려 놓았다. 강 가운데에서 말에게 물을 먹이려는 것이다. 기수들이 말을 이끌고 강 한복판까지 걸어가 물을 먹였다. 햇살에 반짝이는 강물과 줄지어 늘어선 사람과 말의 모습은 완벽한 조화를 이루었다. 아름다운 풍경이었다.

휴일 특식으로 버팔로 수프가 나왔다. 해마다 이때면 원주민 목장주들은 기수들을 위해 버팔로를 기증한다. 원주민 말로 타탕카 ^{Tatanka} 라고 불리우는 버팔로의 모습에는 영험한 기운이 느껴진다. 타탕카는 원주민에겐 생계를 위한 수단이자 신성한 영물이다. 오늘날까지 내려오는 라코타 사람들의 사냥법을 보면 이들이 버팔로를 단순히 사냥감으로만 여기지 않음을 알 수 있다. 이들은 사냥한 다음에는 죽은 버팔로의 영혼을 위한 의식을 치른다. 죽은 버팔로와 하늘을 번갈아보며 약 1분간 기도문을 읊조린다. 기도문은 낯설지만 진지하게 들린다. 죽은 버팔로의 영혼을 위로하고 신에게 감사해하는 것이다. 이들은 자신들에게 필요한 만큼만 사냥하고 버리는 부위 없이 이용한다.

미국 정부는 원주민들의 중요한 생활수단인 버팔로를 체계적으로 멸종시켰다. 백인 사냥꾼은 대포까지 동원해서 들판을 휩쓸었다. 마지막 한 마리의 버팔로가 쓰러질 때까지 그들은 평원 이곳저곳을 누비며 대포를 쏘아댔다. 그 후 벌판에 죽어 나뒹구는 버팔로를 가죽만 벗긴 채 나머지 사체는 썩도록 방치했다. 원주민들은 이러한 행위를 도저히 납득하지 못했다. 어떤 백인 사냥꾼은 혼자서 수천 마리의 버팔로를 잡아 '버팔로 빌'이란 별명을 얻기도 했다. 이렇게 백인들이 활개치면서 19세기 후반 들어 버팔로들은 자취를 감추고 거의 멸종 단계에 이르렀다. 20세기에 들어와 보호운동을 펼친 뒤에야 개체수가 다시 늘어나기 시작했다고 한다. 보호구역 내 몇몇 목장에서는 버팔로들을 회생시키고자 애쓰고 있다.

들판에서 버팔로들이 움직이는 모습은 경이롭기까지 하다. 지난겨울 라코타 친구들과 버팔로 사냥을 나갔을 때다. 주변의 부스럭거리는 소리에도 수백 마리의 버팔로들은 금방 알아채고 재빨리 달려 나갔다. 버팔로는 신경이 예민해서 작은 기척도 감지한다. 그래서 100여 미터 밖에서 조심스럽게 접근해도 쉽게 눈치채고 도망간다. 몇 번 쫓아가고 놓치기를 반복한 끝에 사냥에 성공했다. 사냥에서는 대개 수컷을 겨냥한다고 한다.

버팔로가 죽었는지 확인한 후 영혼을 위로하는 의식을 그 자리에서 간단하게 올렸다. 의식을 치른 뒤에는 배를 가르고 내장을 따로 담았다. 동행했던 마르셸이 간을 크게 잘라 먹을 수 있겠냐며 내밀기에 기꺼이 받았다. 한국에서 먹었던 소간처럼 고소하고 담백한 맛이다. 따뜻했고 피 냄새도 신선했다. 말처럼 빨리 움직이기 때문에 버팔로의 육질은 지방층이 얇고 담백하단다. 죽은 버팔로를 집으로 옮기고 나서 남자 둘이 달라붙어 사흘간 부위별로 잘라냈다. 버리는 것이 거의 없었다. 못 먹는 부분은 따로 모아서 개들에게 영양식으로 주었다. 그런 다음 고기를 수백 조각으로 얇게 잘라 나무대에 널어 말렸다. 말린 채로 먹기도 하고 수프를 만들기도 한다. 마르셸도 이렇게 겨우내 저장한 버팔로로 식구들을 먹이곤 했다고 한다.°

2년 전 베어뷰트에 들렀다 내려오는 길에 길가에 서 있는 커다란 수컷 버팔로와 눈이 마주친 적이 있다. 무섭기도 했고 호기심도 일었다. 30초간 나를 바라보던 버팔로

버팔로 고기
원주민 모세스가 사냥 후
버팔로 고기를 썰고 있다.
버팔로 고기는 남기는 부위 없이
사용하게 되며, 고기를 널어 말려
육포로 만들어 먹기도 한다.

는 뒤돌아 석양 속으로 사라져 갔다. 원주민처럼 강한 생명력으로 백인들 사이에서 살아남은 동물이다. 그와 함께하는 것이 원주민의 운명이다. 버팔로와 더불어 생활하던 원주민 공동체가 하루아침에 조그만 지역에 갇힘과 동시에 버팔로도 백인 사냥꾼들에 의해 멸종 위기에 처했다. 그러자 원주민들은 수백 년간 지켜온 생활방식을 모조리 빼앗기게 되었다. 그만큼 자연과 끈끈한 합일을 이루어 살아온 원주민들에게 그 일부였던 버팔로는 없어서는 안 될 양식이자 삶의 터전이었던 것이다.

지난여름 나바호 지역에서 지낼 때의 일이다. 이니피 의식을 하는 곳에 방문했다가 사람들이 몸을 씻고 있는 조그만 샘터에 갔다. 물가 가까이 다가가니 기분 나쁜 소리가 들렸다. 옆에 있던 친구가 갑자기 내 팔을 붙잡아 확 끌어당겼다. 무슨 영문인지 몰라 당황하다가 정신을 차려 보니 금방 상황을 알 수 있었다. 물 마시러 온 방울뱀에게 가까이 갔던 것이다. 나는 바로 돌을 던져 쫓으려 했지만 친구가 막았다. "진정해, 돌을 던져선 안돼. 먼저 존중해야 그것도 너를 존중한다고." 그 말을 듣고 부끄러웠다. 살아 있는 모든 것을 존중하라는 원주민들의 가르침은 단순하지만 지혜롭다는 생각이 새삼 들었다.

우리가 살아가는 도시 문명에서는 날마다 물과 공기, 대지의 오염을 너무나 당연하게 여긴다. 나바호 보호구역에서 만난 주술사 친구는 문명 사회가 지향하는 대로 가다가는 지구가 너무 오염되어 언젠가 큰 재앙이 올 것이라 했다. 그 재앙은 지구가 자

뉴욕 자연사 박물관

과거 버팔로는 원주민들에게 필수 식량이자 생활의 일부였다.
문명사회가 동물을 취급하는 태도와 다르게
이들에게 버팔로는 함께 살아가는 영원한 정령의 일부이자
신성한 존재다. 오늘날 원주민들은 현대적인 생활방식을 영위하고
있지만 조상들의 사고방식은 그대로 이어받고 있다. 그래서
사냥의 방법은 현대화되었더라도 사냥 뒤에 올리는 제례는 빠지지 않는다.
사진은 버팔로의 생활상을 보여주는 뉴욕 자연사 박물관.

기 몸을 보호하기 위한 자연스러운 과정이라고 덧붙였다. 지구가 계속 병들어가는 이 때 원주민들의 철학이야말로 지구를 되살리는 길이 아닐까.

오후에 말을 돌보고 파인리지에서 온 여러 사람들과 인사를 나누었다. 많은 지도자들도 함께 왔다. 공동체 안에서 자기 역할이 무엇인지 알며 책임감을 가진 이들이다. 원주민 공동체에서는 전통적으로 지도자나 용감한 전사일수록 자신의 모든 것을 공동체를 위하여 바친다.

브리저, 이곳은 얼마나 작은 마을인지 지도에 표시조차 되어 있지 않다. 그래서 아마도 1년에 한 번 가장 많은 사람들이 모이는 날이 바로 오늘일 것이다. 저녁이 되자 강 주변의 땅에 큰 불을 피우고 젊은이들이 둘러앉아 이야기를 나눈다. 모닥불 곁에 강이 흐르고 선선한 바람이 불고 있다. 자연의 근원을 이루는 네 요소가 한데 완전하게 결합해 있는 것이다. 불에 비친 사람들의 얼굴은 저마다의 환영 속에서 영혼의 형상으로 보인다. 그들 역시 우주 속에서 생명을 나눈 존재로서 만물에 감사한 마음으로 영적인 평화로움을 느끼고 있으리라.

다음 날 아침, 눈을 떠보니 겨울의 새벽을 들에서 맞고 있었다. 이렇게 의식이 또렷이 맑은 적이 있었던가? 불 앞에 앉아 멀리 푸르게 변하는 하늘을 응시했다. 아직 어두움이 가시지 않았는데도 아이들이 하나둘 일어나 자신의 말을 이끌고 물을 먹이려고 움직였다. 구름이 많이 낀 아침이었다.

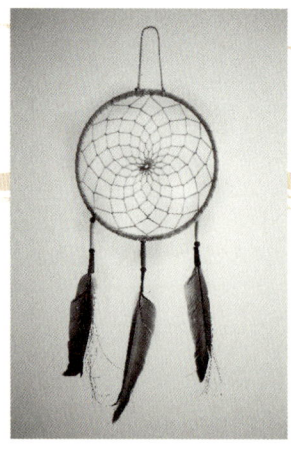

드림캐처
집안으로 들어오는 나쁜 꿈을
없앤다는 상징물. 원형으로 생긴
나무테 안에 실로 그물을 짜 넣는다.

오늘은 여기저기서 합류한 많은 기수들이 분주히 오가며 어느 날보다 활기차다. 기수들의 수가 출발한 날보다 최소한 두 배는 늘어나 있었다. 그들 중 대부분은 파인리지에서 왔다. 말 머리에 독수리 깃털을 단 소녀, 모자에 깃털을 매단 사내, 원주민 의사도 오늘부터 동행한다고 한다. 이제 여정 후반기가 시작된다. 그래서인지 아침 의식은 더욱 길고 엄숙하게 느껴졌다. 대평원 각지에서 온 많은 원주민들이 어울려 원을 만들었다. 출발지에서처럼 모든 사람들이 둥글게 마주보며 서 있다.

라코타 사람들에게 원은 위대한 정령을 의미한다. 원주민의 모든 생활 속에는 원이 있다. 모든 생명은 하나의 원이다. 파우와우를 출 때도 원을 그린다. 드림캐처 dreamcatcher나 주술바퀴에서도 수많은 원을 볼 수 있다. 행렬을 출발하기 전이나 도착한 다음에도 원을 만들라는 소리가 들린다. 세상의 원리가 원의 형태인 것이다.

심지어 부족의 구성 체계도 원에 기초한다. 테톤 수우족은 일곱 지파로 형성되는데, 그중 하나인 오글라라족도 일곱 지파로 나뉘며 테톤 수우족 또한 라코타 수우족의 일곱 부족 중 하나이다. 마을의 구성 방식도 마찬가지다. 떠오르는 둥근 태양을 향하여 문을 내는 티피들은 둥근 원의 형태로 마을을 형성하고 둥근 마을들이 모여 거대한 원을 이룬다. 각자 큰 원 안의 일부이며 그 원은 더 큰 원의 일부이고 그것은 또한 가장 큰 원의 일부인 것이다.

출발지는 또다른 설렘으로 넘쳐나고 있었다. 파인리지에서 온 소녀 조화와평화

Harmony and Peace를 만난 건 아침 시간이었다. 라코타의 전통 피리를 들고 있는 이 소녀의 인디언 이름은 대장장이를이긴윌라코타 Wolakota Win Blacksmith 이다. 그녀의 어머니인 소리치는매알렛 Arlett Loud Hawk 도 함께 만났다. 알렛은 지적인 분위기가 넘치는 친절한 여성으로 틈날 때마다 자기 부족 이야기를 들려 주었다. 그녀와 대화를 나누면서 원주민들의 생활에 대해 여러 가지 정보를 얻을 수 있었다. 조화와평화는 알렛의 두 번째 남편인 크로우 원주민* 과의 사이에서 태어난 아이다. 아마도 소녀의 이름은 두 부족의 평화로운 관계를 염원하는 뜻에서 붙여진 것이리라.§

오후에 날이 저물어 맥 다니엘 목장을 6마일 남기고 평원에서 밤을 나기로 결정했다. 사위가 어두워지는 아주 짧은 순간 구름이 붉게 불타며 어둠 속으로 빨려들어간다. 기수들과 뒤따르는 사람들의 모습이 실루엣으로 하늘과 땅 사이에 자리한다. 천지간 인간의 존재가 새롭게 보이는 순간이었다.

어느새 바람이 아주 거세져 사람들을 괴롭히고 있었다. 이윽고 목적지에 다다랐고 사람들은 들판 이곳저곳에 천막과 티피를 세웠다. 그러던 중에 땅에 박아놓은 티피 기둥이 바람을 이기지 못하고 넘어졌다. 바로 그 아래 친구 빅터가 서 있었는데 쓰러지는 막대를 팔로 쳐내어 다행히 다치지는 않았다. 들판에서 불어오는 바람은 사막 못지않게 강하다. 정면으로 맞서지 않고 옆으로 몸을 돌려 모로 걸어야 할 정도였다.

저녁을 먹고 나서 주위를 둘러보니 아이들이 땅 위에서 담요를 하나씩 덮고 잠을

* 현재 몬태나 지역에 사는 부족. 라코타와는 전통적으로 적대관계여서 두 부족간에는 계속 전쟁이 이어져 왔다. 포니족 또한 라코타 사람들과 원수 사이였는데 이 호전적인 원주민 부족은 영화 〈늑대와 춤을〉의 전투 장면에도 등장한다.
§ 이름 속에 힘이 들어 있다고 믿는 원주민들은 바라는 것이나 갖고 싶어하는 능력, 특별한 경험을 바탕으로 이름을 짓는다. 그래서 원주민 중에는 여러 이름을 갖는 사람도 있다.

청하고 있다. 피워둔 모닥불 곁에서 불 속을 바라본다. 오늘 들판을 자유로이 달리는 라코타 사람들을 보며 이런 생각이 들었다. 이렇게라도 달리지 않는다면 예전에 이들이 누리던 자유마저 잊어버릴지 모른다는. 들판에서는 바람이 잦아들고 있었다.

이번 여정 중 일행을 좇아 북쪽에서 내려온 한개의눈One Eye이란 개가 있다.° 주인이 누구인지 분명하지 않았다. 쫓아버릴 수도 있으련만 원주민들은 끼니 때마다 한개의눈을 살뜰하게 챙긴다. 이름에서 알 수 있듯이 한쪽 눈이 멀어버린 개다. 놈이 지쳤을 땐 트럭에 태워 움직인다. 한개의눈은 운디드니까지 함께 갈 것이다. 녀석은 숨을 몰아쉬면서도 기수들과 나란히 행렬의 앞쪽에서 달려 나간다. 아마도 목장에서 소떼를 돌보던 개인 듯하다. 보호구역 안에서는 정상적이지 못한 개들을 많이 보았다. 다리가 없거나 너무 야위어 뼈가 드러난 놈도 있었다. 나바호 보호구역에선 백인 친구들이 봉사활동을 마치고 집으로 돌아가면서 버려진 개를 데리고 가는 경우도 있었다.

담배를 사서 그동안 말을 빌려준 친구들과 차가 진창에 빠졌을 때 도와준 사람들에게 돌렸다. 원주민 문화에선 담배가 단순 기호품 이상의 의미를 가진다. 진짜 친해야만 서로 공유할 수 있는 물건인 것이다. 땀막에서 의식을 행할 때도 긴 담뱃대를 돌려가며 피운다. 의식에 쓰이는 담배는 화학물질이 첨가되지 않은 순수한 연초를 사용한다. 낯선 사람이라도 그렇게 담배를 함께 피우고 나면 아주 친한 관계가 된다.

오늘도 야외에서 지새운다. 밖에서 잠을 청한 지 오늘로 나흘째이다. 내일은 배드랜드 국립공원을 지나 카일 부근의 레드워터에 도착한다. 밤이 오기 전에 국립공원 근처에 야영지를 세울 수 있었다. 모닥불 근처에서 손북을 치고 노래를 부르며 시간을 보냈다. 북소리는 땅의 소리이다. 손북을 치며 부르는 노래는 애잔한 느낌을 자아낸다.

야외에서 며칠째 지내니 씻는 게 좀 불편하지만 그런대로 견딜 만하다. 아니, 사실은 아주 좋다. 새벽마다 추위에 잠이 깨면 다들 다시 모여 불을 따뜻하게 지피고 말없이 불 속을 응시한다. 사람들에겐 저마다 자는 곳이 정해져 있다. 나는 그냥 불가가 좋다. 다른 친구들 몇몇은 말 싣는 수레 안에서 잔다. 어떤 이들은 차 바퀴 옆에 눕고 누군가는 담요를 둘둘 말아 침낭처럼 만든 뒤 풀밭 위에서 쉰다. 야외에서 잘 때마다 올려다 보는 밤하늘의 별은 경이롭다. 하지만 여기 원주민들은 별을 보지 않는다. 이들에게 별은 죽은 조상을 의미하기 때문이다.

인디언은 모두 춤춰야 한다.

언제 어디서나 계속 춤을 춰야 한다.

내년에 봄이 오면 위대한 정령이 오시리라.

온갖 짐승들을 데리고 오시리라.

들짐승은 어디서나 가득 뛰놀고

죽은 인디언은 모두 살아나

젊은 사람 같이 튼튼해지리라.

워보카

AMERICAN INDIAN MOVEMENT

Buddy Lamont Escort

Pledged to fight White man's injustice to Indians, his oppression, persecution, discrimination and malfeasance in the handling of Indian Affairs. No area in North America is too far or too remote when trouble impends for Indians, A.I.M. shall be there— To help the native people regain human rights and achieve restitution and restoration

By Louis Hall Dec. 1973

Pedro Bissonette

원주민 장례식

원주민들은 함께 장례를 치르는 것에 큰 의미를 둔다.

말타기 여정 중 한 원주민의 장례식에 참석해 망자의 명복을 빌었다.

고인은 파인리지 보호구역 출신의 외로운독수리 Lone Eagle 이다.

그는 미 해병대 군인으로 2006년 초 이라크에서 전사했다.

사진은 시신을 차량에 싣고 장례식장을 향해 걸어가는

유족들과 일행들의 모습.

우리는 모두 동족이다

We Are All Related

12월 25일 오늘은 미국 최대의 명절이다. 크리스마스 아침이니 지금쯤 전국의 도시에선 수천만 명의 사람들이 백화점과 쇼핑몰에서 선물을 사느라 정신이 없을 것이다. 미국인들이 누리는 풍요에 대해 잠시 생각해 본다.

유럽인들이 이 땅에 우연히 왔을 때 원주민들은 환영했다. 원주민들은 그들을 돕고 먹을 것을 주고 보살펴 줬다. 원주민들은 백인들이 위대한 정령의 또다른 피조물이라고 생각했다. 그리고 백인들의 말을 믿고 그들이 원하는 것들을 약속했다. 하지만 훗날 미국 정부는 조약이라는 근사한 거짓말로 원주민을 속였다. 원주민 사회에서 말이란 중요한 약속의 매개이다. 그렇기에 원주민들은 미국 정부와 375개의 개별 조약을 맺었고 자잘한 것까지 합치면 1000개가 넘었다. 원주민들은 그 조약들을 모두 믿었다. 그러나 백인들은 그중 단 한 개도 지키지 않았다. 모두 거짓말이었다.

클린턴 정부 때 원주민들의 소송 사건이 하나 있었다. 미국 정부가 나라를 세운 이래 원주민과 맺은 조약에서 발생한 지급의무 신탁기금은 30만 계좌에 수십억 달러에 달한다고 한다. 이것은 원주민의 소유권에 대해 미국 정부가 지불해야 하는 최소한의 개발 보상비이다. 그런데 당시 재무장관이 관련 서류를 없애려다 원주민 회계사에게 발각되었고 현재 원주민들은 그를 상대로 소송 중이다. 제대로 해결된다면 원주민들도 미국 사회에서 중·상류층에 속할 수도 있다. 이뿐만이 아니다. 디 브라운D. Brown 이 고발했듯이 원주민들을 고용하여 노동력을 착취하고 임금을 주지 않는 악덕 기업주

※ 미국 원주민 멸망사를 다룬 『나를 운디드니에 묻어주오 Bury My Heart at Wounded Knee』(1970)의 저자. 미국이라는 나라의 추악한 이면을 원주민 멸망사의 렌즈를 통해 폭로했다. 여러 해에 걸친 기록, 자서전, 구술 등을 통해 원주민들의 삶과 애환 그리고 패배의 과정을 이야기한다. 원주민 역사서 가운데 고전으로 손꼽히는 이 책은 전 세계 17개 언어로 번역되었다.

사건 등 원주민의 땅을 비롯한 모든 것을 빼앗은 사례는 수없이 많으며 아직도 진행되고 있다.

오늘은 배드랜드 국립공원을 지난다. 파인리지 보호구역과 인접해 있는 배드랜드는 말 그대로 불모의 땅이다. 짐승도 거의 살지 않는 이곳에 19세기 미군에게 쫓긴 원주민들이 숨어들었다. 동식물을 거의 찾아볼 수 없고 바위와 모래흙으로 이루어진 모래산들이 늘어서 있는 척박한 곳이다. 오전에 출발한 기수들이 배드랜드의 길을 일렬로 지난다. 이곳은 평원과는 달리 좁고 험한 경사로다. 길의 폭이 50센티미터 밖에 안 되기 때문에 세심한 주의가 필요하다.

배드랜드의 거친 땅을 밟자 100년 전 이맘때 이곳을 지나갔을 큰발 추장˚ 일행이 떠올랐다. 폐렴으로 피를 토하는 노추장과 그의 아이들, 부족 여자들이 추위 속에서 이 험난한 산을 넘어갔던 것이다. 억울하게 져버린 그들의 영혼이 잠들지 못하고 배드랜드의 어딘가를 떠돌고 있지 않을까 생각했다.

오전 내내 배드랜드를 횡단하니 점심시간이 되었다. 오늘 점심시간에는 어느 가족의 추모제가 있었다. 부족민 중 중요한 인물이 사망하면 많은 사람들이 모여 제의를 지낸다. 모두와 친분이 있는 사람은 아니지만 망자와 유족이 소개되고 제의가 시작됐다. 모든 사람들이 둥그렇게 서서 제의에 동참했다. 의식이 끝난 후 유가족은 말린 고기 등 준비한 음식을 행사 참가자들에게 나누어 주었다. 무척 맛있었다. 유족들은 이

큰발Big Foot 추장
평소 조용한 성품과 기품있는 자세로
존경받았던 큰발 추장은 붉은구름 추장에게
도움을 구하러 가는 도중 운디드니에서 학살당한다.

말타기 행사 중에 제의를 치른다는 것에 큰 의미를 두는 듯했다. 잠시 쉬는 틈을 타 아이들이 배드랜드의 가파른 산등성이에 올라 30~40미터를 미끄럼을 타고 내려온다. 아이들은 늘 즐거운 한때를 보낸다.

오후에는 화이트 강을 건넜다. 카메라 앵글상 물에 들어가 촬영하는 것이 좋겠다 싶어 망설이지 않고 강으로 뛰어들어갔다. 무릎 정도의 깊이어서 물 안에서도 걸어다니며 촬영할 수 있었다. 10분 정도 물속에서 촬영한 듯했다. 차가운 얼음물인데 큰 불편을 느끼지는 못했다. 자신들의 모습을 연신 사진에 담는 나에게 기수들이 정다운 눈인사를 건네며 지나갔다.

오후에 도착한 레드워터는 아늑한 곳이었다. 카일에서 몇 마일 떨어진 곳으로 얼마간 여기서 지내게 된다. 저녁에는 카일의 리틀운드 초·중·고등학교 체육관에 짐을 풀었다. 체육관 안에서는 많은 원주민 학생들이 농구를 하고 있었다. 그들의 움직임이 경쾌해 보였다.

보호구역에 사는 젊은이들은 농구 실력이 뛰어나다. 보호구역 내에서는 마을 대항 농구시합이 토너먼트로 계절마다 열린다. 농구는 원주민 아이들이 약물이나 알코올 문제로부터 해방될 수 있는 수단이다. 이러한 운동경기의 효과를 아는 지역 지도자들은 농구를 중심으로 행사를 만들어 주민들이 함께 즐길 수 있는 기회를 제공한다.

참가자들은 모처럼 샤워도 하고 편안한 한때를 보냈다. 벌써 여정이 시작된 지 2주

째에 접어들었다. 오늘은 알렛이 정신교육을 하는 날이다. 그녀는 1868년 포트 라라미° 조약, 1973년 운디드니 점령* 및 라코타족에 관해 강의했다. 특히 포트 라라미 조약에 관한 상세한 설명이 유익했다. 그 외에도 다른 각종 조약들에 대해 교육했다. 그런 그녀를 보고 난 '조약 여인Treaty Woman'이라는 별명을 지어주었다. 그녀는 수많은 조약에 들어 있는 복잡한 보조 조항과 법적 근거까지 매우 자세하게 알고 있었다. 사람들앞에서 이야기할 때 그녀는 떨리는 목소리로 열변을 토했다. "여기는 우리 땅입니다. 어떤 거짓말로도 빼앗을 수 없습니다. 블랙힐스도 마찬가지입니다. 위대한 정령이 주신 것은 그 무엇으로도 빼앗을 수 없습니다." 그녀가 이렇게 열렬한 활동가가 된 데에는 부모의 영향이 컸다. 그녀의 아버지는 전통주의자로서 평생을 라코타 원주민들의 인권을 위하여 싸웠으며, 운디드니 점령 때는 비행기를 몰고 전사들에게 식량을 투하한 인물이라고 한다.

　보호구역에서 만나는 원주민에는 두 부류가 있다. 백인들의 정책을 지지하고 따르려는 사람이 있는가 하면 알렛처럼 정부에 대항하는 활동가도 있다. 현재 부족정부의 사람들은 알렛을 곱지 않은 시선으로 본다. 이들은 대부분 미국 정부와 친한 인사들이고, 말썽이 될 만한 논쟁은 하지 않겠다는 입장이다. 알렛이 그들의 자금 비리를 라디오 방송에서 폭로한 뒤로 그녀는 요주의 인물이 됐다.§ 그러나 알렛은 그러한 시선에도 아랑곳하지 않고 큰아들과 함께 원주민 인권을 위해 더 활발한 활동을 펼치고

* 1960년대 후반에 시작된 미국 원주민들의 독립 운동으로 이루어진 사건 중 하나. 미국 원주민 운동이라고 불리는 운동의 가장 상징적이고 핵심적인 사건으로 기록된다.
§ 문제의 핵심은 이들이 부족정부의 자금을 사적인 용도로 마음대로 돌려썼던 것이다. 생계 보장이 안 되는 열악한 환경의 부족민들이 도처에 있는데도 한 의원이 사무실 전화비로만 8만 달러 이상을 사용하는 등 부정을 저질렀다.

포트 라라미 남아 있는 건물의 잔해는 원주민들의 마음 속 한 구석에 자리잡은 응어리를 상징하는 듯하다.

있다. 알렛 같은 사람들이 없었다면 현재 그리고 과거의 원주민 문제들은 역사의 무대 뒤로 미결된 채 사라졌을 것이다.

열정적인 알렛의 강연을 뒤로 하고 잠을 청한 다음 날 아침. 드디어 여정의 세 번째 휴일을 맞이하게 되었다. 이 날은 어느 휴일과는 다르게 특별한 행사가 기다리고 있었다. 카일의 리틀운드 학교 체육관에 가보니 어느 소녀가 춤을 연습하고 있었다. 가만히 바라보니 산딸기 따는 춤, 물오리 춤 등 자연을 형상화한 원주민 전통춤이었다. 카일 원주민들이 기수들을 환영하는 잔치가 저녁에 있을 예정이라 한창 준비 중이었던 것이다.

저녁이 되자 드디어 행사가 시작되었다. 마르셀이 원주민 악사 한 명을 캐나다에서 초청하고 손북 노래 장기자랑도 여는 등 여러 행사를 준비했다. 우리는 원주민 전통춤도 추었다. 여러 춤들 중 그라운드 댄스는 서로 손을 잡고 둥근 원을 만들어 다양한 스텝으로 움직이는 것인데 매우 즐거웠다. 춤추는 사람들의 얼굴이 환희에 가득찼다.

그동안 말을 타면서 눈인사만 했던 스캇 민스와도 반갑게 이야기를 나누었다. 스캇은 리틀운드 초등학교의 교사이다. 그의 아버지인 러셀 민스는 미국 원주민 운동, 즉 AIM American Indian Movement 을 이끈 지도자 중 한 명이라고 한다.

미국 원주민 운동은 1968년 미네아폴리스에서 가난과 차별로 고통받는 원주민들이 자발적으로 시작했다. 데니스 뱅크, 메리 제인 윌슨, 클라이드 베레퀴트 그리고 조

환영 행사

카일에서 있었던 기수 환영 행사. 미래를 향한 말타기가
많은 원주민들에게 각별한 의미인 만큼 원주민들은
행사에 몸소 참여할 수 없을지라도 물심양면으로 돕는다.
그라운드 댄스를 함께 추고 있는 모습(상)과 손북을 두드리며
분위기를 고조시키는 장면(하). 북에 운디드니라는
글자가 선명하게 보인다.

지 미첼 등이 AIM을 결성한 것이 그 시초다. 당시 미국 사회는 관리 종결 정책의 강행으로 크게 동요하고 있었다. 이 정책은 거주지 내 원주민에 대한 지원을 중단하는 것을 요체로 하며, 이 때문에 많은 원주민이 자생력이 없는 상태에서 도시로 이주당해 또다른 슬럼을 형성하게 되었다. 원주민들에게 도시 생활은 고통스럽고 적응이 어려웠다. 극심한 인종차별 때문에 직업도 구할 수 없었고, 주거, 위생, 교육 등의 기본권이 보장되지 않은 채 살아가야 했다. 관리 종결 정책은 결국 현대적 멸종 정책이 된 셈이었다. 많은 원주민들이 기아에 허덕이며 죽어갔다.

이러한 배경에서 AIM은 자신들의 궁핍하고 불합리한 상황을 뛰어넘고자 초기부터 과격하고 공격적으로 전개되었다. 1969년 알카트라즈 점거, 미네아폴리스 해군기지 점거, 뉴욕 엘리스 섬 점거 시도 그리고 1972년 인디언국 점거 등 숨가쁜 투쟁이 이어졌다. 그리고 1973년에는 블랙힐스의 러시모어 산의 점거도 감행했다. 이뿐만이 아니었다. 원주민 수천 명에게 일자리를 찾아주었고, 셀 수 없이 많은 법률 문제를 해결해나갔고, 원주민 어린이 교육차별 금지 운동, 의료보장 활동 등이 전개되었다. 원주민의 고질적인 문제들이 차츰 해결되기 시작한 것이다.

이러한 여러 활동 중에서도 AIM의 정점은 운디드니 점령 사건이었다. 1972년 2월 노란번개레이몬드 Raymond Yellow Thunder 라는 원주민이 네브래스카의 고든에서 두 백인에 의해 살해당한 사건이 일어난다. 범인들은 그를 벌거벗긴 후 강제로 춤을 추게 한 뒤 몽

둥이로 구타해 죽였다고 한다.[*] 이 사건이 일어나자 AIM 일행은 200대의 차에 나누어 타고 살인을 저지른 백인들이 올바른 판결을 받도록 법원으로 향했다. 당시 소녀였던 알렛은 그때를 이렇게 회상한다. "그 시기를 잊을 수가 없어요. 저와 가족들도 늘 폭력에 시달리곤 했거든요. 파인리지 안에서는 군스 GOONs, Guardians of the Oglala Nation라 불리는 폭도들 때문에 모두 공포에 떨고 있었고 그들이 일으키는 테러로 사람들이 곧잘 죽곤 했어요."

또다른 살인 사건 재판이 있었던 1973년 2월 6일, AIM 회원들과 라코타 원주민들은 약한심장소웨슬리 Wesley Bad Heart Bull를 죽인 범인들이 재판을 받던 커스터 법원 앞에서 항의 시위를 했다. 재판은 예상대로 공정하지 않았고 공범 중 한 명이 석방될 예정이었다. 항의 시위에서 AIM 회원과 라코타 원주민들이 경찰과 충돌하는 와중에 수십 명이 체포되었고 법원에는 불이 타올랐다.

파인리지 보호구역 안에서 AIM이 자생적으로 생겨난 데에는 미국 정부가 1972년 부족정부 의장으로 딕 윌슨을 재임명하는 것이 발단이 되었다. 그는 부족 자금으로 사병을 육성했는데, 대부분 폭력 전과자인 이들이 바로 '오글라라의 수호자'라는 뜻의 군스로, 보호구역 안의 AIM 회원과 전통주의자들에게 폭력을 휘둘렀다. 수백 명의 사람들이 협박당하고 살해되고 집이 불탔다. 윌슨에 반대하거나 AIM 회원이거나 오글라라 단체에 속한 사람들 중 250명 가량이 군스의 테러에 의해 그해 살해되었다고 한

[*] 백인 인종주의자들의 원주민 공격은 인디언 보호구역 부근에서 종종 일어난다. 하지만 대부분 범인은 무죄를 선고받는다.

AIM 로고와 배너
미국 원주민 운동을 상징하는 로고가 박힌 배너.
1890년은 운디드니 학살을,
1973년은 현대 원주민 운동의 상징적
사건이 된 운디드니 점령을 가리킨다.

다. 윌슨은 휘하에 인디언국 경찰과 연방 경찰을 거느리고 있었다. 그는 보호구역 안으로 전투차량, 장갑차, 헬기로 무장한 미국 정부군을 이끌고 들어왔으며, 원주민이 모이는 곳마다 무력을 동원해 네 사람 이상 모이는 것을 금지했다. 심지어 가까운 친척의 결혼식과 장례식조차도 갈 수 없던 주민들은 이런 지배를 더 이상 참을 수 없다는 판단을 내렸고, 결국 AIM을 결성하기에 이른다.

커스터 법원 사건 이후, 윌슨은 AIM 회원들이 파인리지 보호구역으로 진입하는 것을 막았다. AIM 회원과 원주민들이 올 것을 대비해 요새를 만들고 지방 경찰, 백인 농장노동자를 동원해 기관총과 로켓 발사장치가 달린 장갑차 30대로 중무장시켰다. 원주민들은 파인리지 안으로 들어가기 전에 회의를 열고 윌슨이 금지시킨 파우와우를 거행했다. 이들은 윌슨이 무장한 채 기다리는 파인리지를 지나 20마일 위쪽인 운디드니로 가기로 결정했다. 200대의 차량에 나누어 탄 400명의 사람들은 어둠을 이용해 운디드니로 향했다. 운디드니는 그 옛날 무려 300명이나 되는 라코타 사람들이 학살되고 집단 매장된 곳이며 라코타 수우족 사람들에겐 결코 잊을 수 없는 장소다.°

1973년 2월 27일 원주민들은 조용히 운디드니 언덕에 올라 전투 준비에 임했다. 이들이 지닌 무기라고는 구식 라이플 26정과 누군가 베트남 참전 기념품으로 가져온 AK-47 소총 한 자루가 전부였다. 곧 정부군이 들이닥치면서 전투가 시작되었다. 원주민 측에서 30여 발 사격하면 만여 발이 반대쪽에서 날아왔다. 항상 당하기만 했던 원주민이지만 이번만큼은 완강히 저항했다. 윌슨 진영의 화력이 월등했지만 섣불리 공격할 수 없었던 것은 운디드니 점령 후 계속된 파우와우 때문이었다. 1890년 운디드니 학살 당시 파우와우의 위력을 실감했던 백인들은 이에 대한 막연한 두려움을 갖고 있었던 것이다. 그들은 파우와우가 원주민들이 결사항전에 나섰다는 증거라고 이해했다. 원주민들이 파우와우 뒤에 어떤 행동을 할지 모른다고 생각한 정부군 측에서는 마음대로 움직일 수 없었던 것이다. 실제로 원주민들은 심리전에서 우위에 있었기에 밀리지 않고 전투를 지속할 수 있었다.

운디드니 점령 직후 미국 전역의 원주민들이 이들을 지원하겠다고 나섰다. 점령 기간 중 다른 지역의 많은 원주민들이 운디드니를 방문하고 돌아갔다. 이 기간 중 원주민 측에서는 버디 라몬트와 맑은물프랭크 ^{Frank Clear Water} 가 사살되었고 수십 명이 총상을 입었다. 이들의 점령지 상공에는 F-4 팬텀기가 날고 저격수를 실은 헬기가 맴돌았다. 전국 각지의 원주민들은 매일 아침 수난을 당하는 부족민을 위한 기도를 올렸고 매일 밤 땀막에서 이니피 의식을 거행했다. 또한 시애틀에서 워싱턴까지, 뉴욕에서 플로리다까지 포진해 있던 인디언국 사무실은 73일간이나 업무를 중단했다. 인디언 보건국 ^{Indian Health Service} 에서도 시위가 일어났고 우라늄 광산과 석탄 채굴이 중단되기에 이른다. 마침내 1973년 5월 4일 백악관은 서신을 보내 정부 대표와 라코타 수우족 추장이 만나서 1868년 조약을 비롯한 여러 문제에 대해 1주일 안에 협상을 시작하겠다고 약속했다. 원주민은 이에 동의했고 점령을 끝냈다. 그러나 정부는 또다시 약속을 지키지 않았다. 백인들에게 조약은 자신들의 이익을 챙기기 위한 임시 방편에 불과했던 것이다. 1868년 조약에 따르면 미국 정부는 수우족 보호구역에 대해 사법권을 갖고 있지 않았다.

미국의 주류 언론들은 원주민들의 점거 사건을 긍정적으로 보도하고 많은 시민들도 백악관을 비롯한 정부기관에 이들의 저항을 지지하는 전화를 했다. 전국의 지지자들이 성원과 응원을 보내자 원주민들은 여론 형성에 성공했다고 평가를 내리며 점령을 끝냈다.

그러나 그 성취감과 행복감도 잠시였다. 점령이 끝난 그해 여름 50명이 암살당했다. 파인리지 내에서는 모두 200여 명의 원주민이 그해 군스에 의한 테러로 사망했다. AIM 지도자들은 모두 구속되었고 지금까지 무기형으로 복역하는 활동가도 있다. 운디드니 점령 때 전투를 지휘한 페드로 비소넷은 사건 발생 6개월 후 인디언국 경찰에 의해 살해되었다. 또 한 명의 AIM 지도자였던 레오나드 펠티에는 1977년 두 명의 FBI 요원을 죽인 혐의로 체포되어 현재 가석방 없이 30년째 정치범으로 복역 중이다. 그 후로도 AIM의 간부들이 잇달아 체포되고 수감되었다. 한 가지 이상한 점은 이들이 동부 도시에서 재판받으면 무죄로 석방되지만 중·서부 지역에서 재판받으면 감옥에 갔다는 것이다. 그리고 보다 중요한 사실은 이 모든 재판에 원주민 배심원은 없었으며 불공정한 판정이 되풀이되었다는 점이다. 이렇게 큰 희생이 따른 운디드니 점령 사건이 오늘날에도 유의미하게 평가받는 것은 이를 계기로 원주민 문제가 주류 언론의 수

알렛과 크로 원주민의 만남
운디드니 방문 센터에서 이야기를 나누고 있는 알렛(좌)과 크로 원주민.
원주민 활동가 알렛은 열정적인 강의로 원주민 역사를 되살리고
현재 원주민 사회의 문제점들을 냉정하게 비판함으로써
원주민 운동을 일상 속에서 계속 이어나가고 있다.

면 위로 떠올랐다는 점 때문이다.

원주민들에게선 아직도 당시의 미국 원주민 운동에 대한 자부심을 읽을 수 있다. 운디드니 방문센터에 갔을 때다. 그때 알렛의 아들 러셀이 벽을 가리키며 이렇게 말했다. "저 벽에 쓰인 말이 정말 마음에 드네요. 탈식민 Decolonization, 독립 Independence, 자유 Freedom. 우리 부족이 언젠가 되찾게 될 것들이에요."°

문명 비평가 커크패트릭 세일 Kirkpatrick Sale 은 저서 『낙원의 정복 The Conquest of Paradise 』(1991)에서 이렇게 말했다. "콜럼버스의 발견 이래 피지배자들은 서구의 언어와 의복뿐 아니라 가치관과 관습까지 강요받았다. 유럽의 것이 문화라면 그들의 것은 민속이고, 유럽의 것이 종교라면 그들의 것은 미신이고, 유럽의 것이 언어라면 그들의 것은 방언이며, 유럽의 것이 예술품이면 그들의 것은 민속품이 되었다."

미국 원주민 운동은 백인들의 시선이 아닌 자신들의 독자적인 눈으로 정체성을 찾아나가는 운동이었다. 그들의 문화는 더 이상 미신도, 방언도, 민속품도 아니다. 이제 그들은 자기 본연의 모습을 보여줄 때가 되었다.

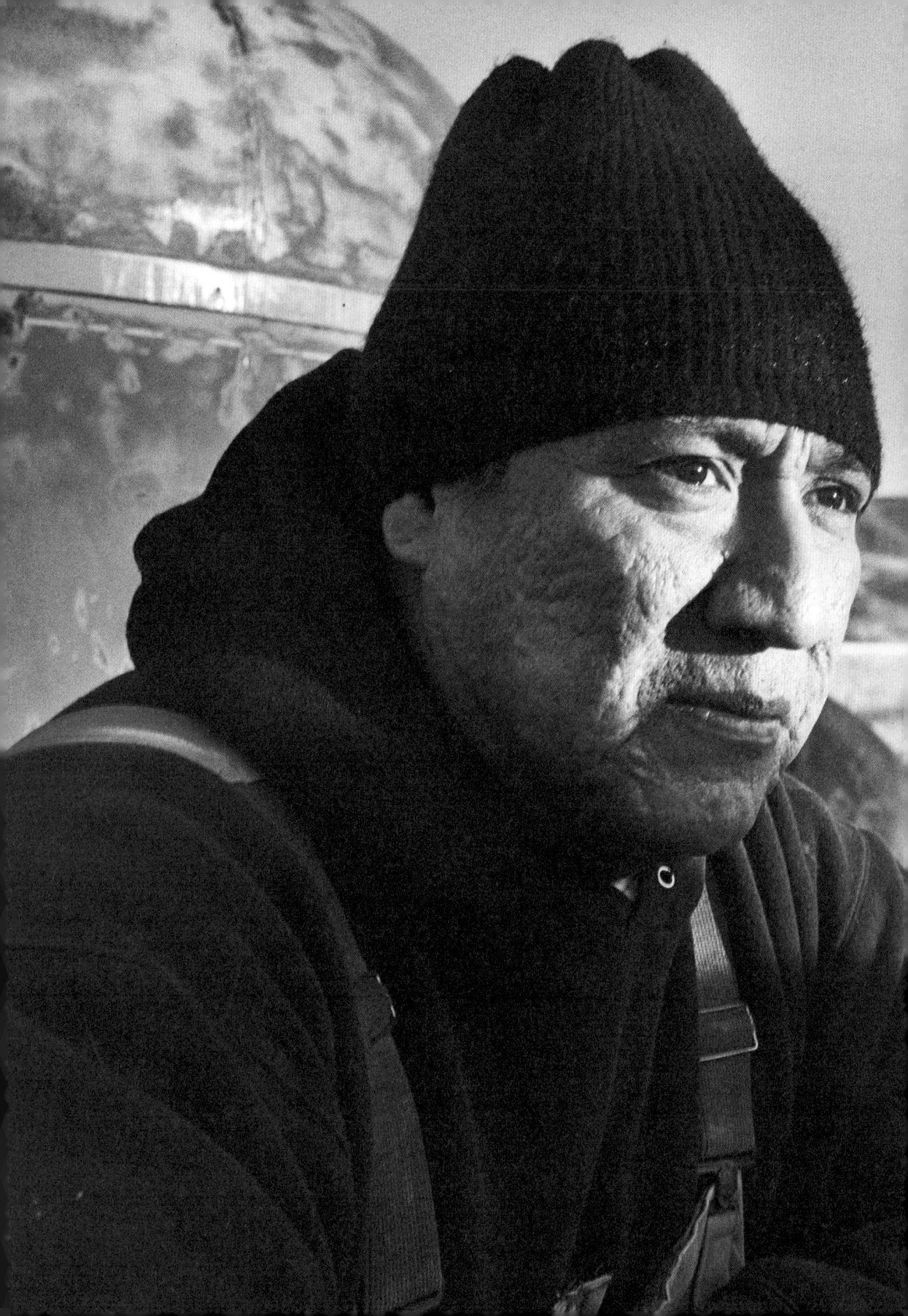

원은 부서지지 않는다

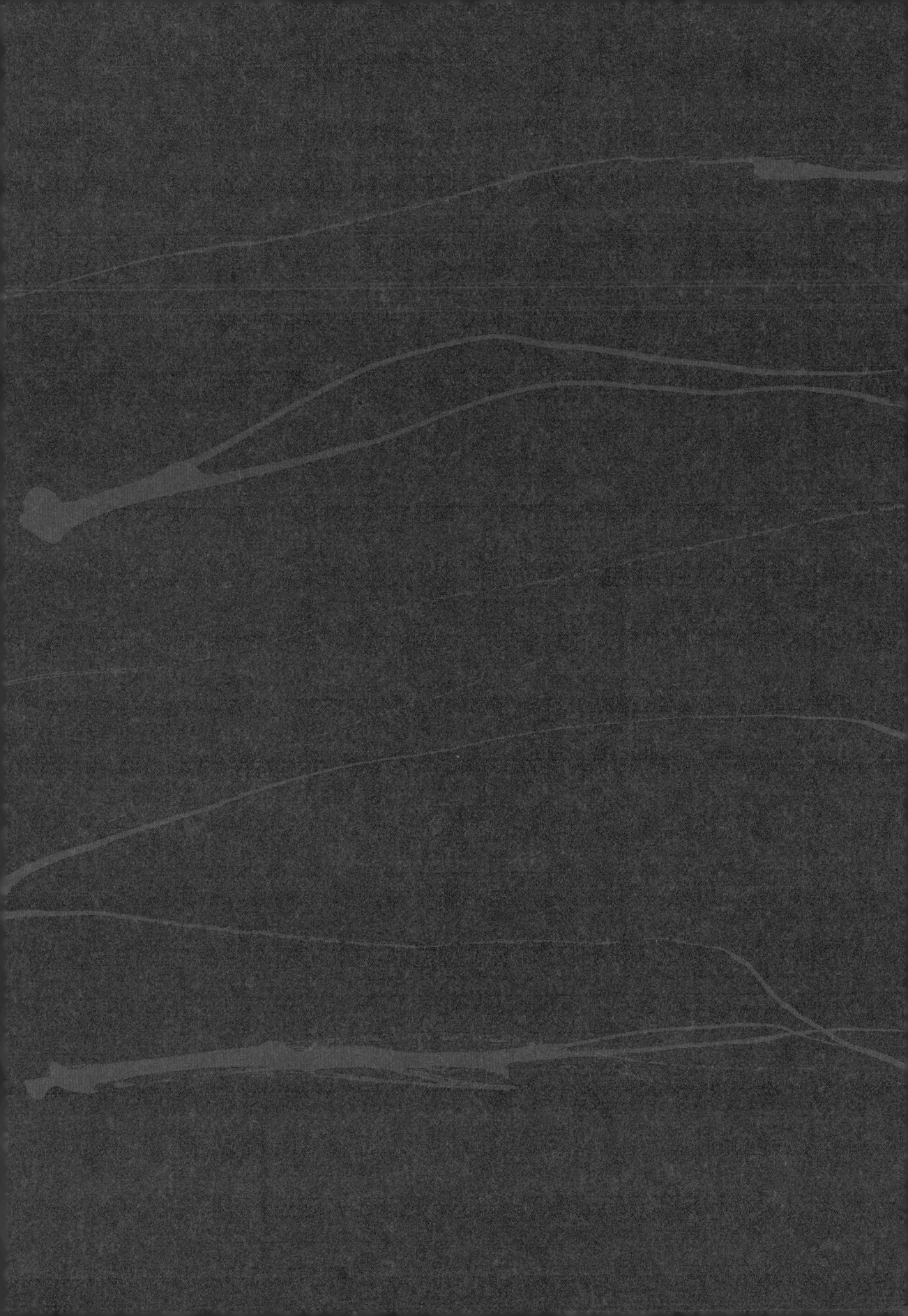

억압받는 이들의 목표는 억압의 세계에서

일등 시민이 되는 것이 아니라,

자신의 인간성을 회복할 희망이 있는

대안적 세계를 건설하는 것이어야 한다.

아시스 난디 Ashis Nandy

운디드니에서 발견된 큰발 추장

1890년 12월 28일 학살당한 후 다음 해에

얼어붙은 채로 발견된 큰발 추장.

큰발 추장뿐만 아니라 이 당시 운디드니에서는

학살 직후 찾아온 눈보라로 인하여 많은 부족민들이

기괴한 모습으로 동사한 채 벌판에 남겨져 있었다고 한다.

이 시신들은 곧바로 집단 매장당했다.

삶과 죽음의 기록

Records of Life and Death

세 번째 휴일을 보낸 다음 날 아침. 어느 때처럼 존의 목소리가 잠을 깨웠다. 하늘이 흐렸다. 전날 환영 행사로 다들 지쳐 있었다. 오늘부터는 마지막 구간을 달린다. 여기는 파인리지 보호구역, 오글라라 라코타 부족의 고장이다. 오글라라족은 일곱 개의 큰 마을을 형성하는데 현재 우리가 있는 카일도 그중 하나다. 이곳에서 라코타족 역사상 수많은 인물들이 나타났다 사라졌다. 프랭크바보까마귀, 고귀한붉은사람, 검은 고라니 Black Elk, 붉은구름, 성난말, 미국말 American Horse 등이 그들이다.

감기에 걸린 친구 엘스턴은 계속 약을 먹으면서 버티고 있다. 오늘도 내게서 타이레놀 두 알을 받아갔다. 함께 참가한 조카들의 말들까지 이끌고 가야 하므로 다른 이들보다 두 배는 더 힘들었을 것이다. 그나마 요즘은 예전에 비해 행사의 여러 조건이 훨씬 나아졌다고 한다. 20년 전 처음 말타기가 시작되었을 때는 기수들의 식사부터 모든 것이 불편했다고 한다. 그러나 다행히 해를 거듭하면서 부근 원주민들이 행사를 돕겠다고 나선 덕분에 여정은 훨씬 더 편해졌다. 파인리지로 들어오면서 행렬의 길이가 200여 미터로 늘어났다.

오래전 읽었던 책 한 권이 떠올랐다. 여행길에 오르기 위해 뉴욕을 떠나 뉴멕시코 앨버커키 부근의 모텔에서 묵을 때였다. 이날 내 눈에는 얼굴에 복면을 쓰고 어깨에 총 대신 펜을 메고 있는 어느 게릴라의 사진이 들어왔다. 그 사진은 『분노의 그림자 The Shadows of Tender Fury』(1995)란 책의 표지로서 남미의 마야 원주민에 관한 것이었다.

1994년 1월 1일 사파티스타 민족해방군은 멕시코 남부 치아파스의 산 크리스토발 광장의 정부 공관 발코니에 올라가서 '라칸톤 정글 선언'을 발표하고 도시를 점거했다. 마야 원주민들로 구성된 해방군의 대변인이자 부사령관인 마르코스는 성명서에서 다음과 같이 선언했다. "우리는 가장 기초적인 교육조차 거부당하고 있습니다. …… 우리는 자유롭고 민주적인 절차를 통해 우리 스스로 정부를 뽑을 권리도 없습니다. 그리고 외국인의 지배에서 벗어나 있지도 못하며, 우리 자신과 우리 아이들을 위한 평화나 정의도 누리고 있지 못합니다. 그러나 오늘 우리는 '이제 그만'이라고 외칩니다!" ※ 이후 이들은 12일간 정부군과 전투를 벌인 뒤 정글 속으로 사라졌다고 한다.

이 기간 중에 많은 원주민 마을들이 멕시코 공군에 의해 폭격당했다. 전투는 교착 상태에 들어갔고 막강한 군사력을 가진 정부군이지만 반군들이 들어간 정글을 지켜보며 머뭇거릴 뿐이었다. 두 달 뒤 반군 부사령관 마르코스는 자신에게 편지를 보낸 한 소년에게 보내는 답장에서 다음과 같이 썼다. "우리의 전문은 희망이란다. …… 우리를 가리켜 저들(정부군)이 붙인 호칭인 '폭력 전문가'라는 것에 대해 할 말이 있단다. 그래, 우리는 전문가이지. 그러나 우리의 전문은 희망이지, 폭력이 아니다. 우리는 어느 화창한 날 군인이 되기로 결심했어. 언젠가는 군인이 필요없는 날이 오도록 하기 위해서 말이야. 우리의 지친 몸을 시작으로 언젠가는 반드시 새로운 세상이 시작될 거라고 믿는단다. 그런데 과연 우리가 그 세상을 볼 수 있을까? 아니, 그것이 중요

※ 이하 한국어판 『분노의 그림자』(삼인, 1999)에서 부분 인용.

할까? 정말 중요한 것은 그런 세상이 올 것이라고 확신하는 것이며, 이를 위해 우리가 가진 전부인 삶, 몸 그리고 영혼을 쏟아붓는 것이지. '아모르 이 돌로르^{Amor y Dolor, 사랑과 고통}' 이 두 단어는 운율만 맞는 것이 아니라 서로 손을 잡고 함께 가는 거란다."[※]

멕시코 원주민의 권익을 위한 사파티스타 민족해방군은 여전히 오늘도 치아파스 정글에서 핍박받는 마야 원주민의 실상을 세상에 알리고자 힘쓰고 있다. 이들은 정글 속에서 독립된 무장 정치 집단으로 생활하고 있다. 근래 들어 마르코스는 여러 차례 멕시코시티와 다른 도시를 방문했다. 그의 글은 프랑스의 〈르몽드 디플로마티크^{Le Monde Diplomatique}〉를 비롯한 여러 매체에 실렸고 오늘날에도 계속 게재되고 있다. 그의 전쟁은 총이 아니라 연필과 펜으로 이루어지고 있다. 그는 이를 통해 전 세계 원주민의 지지를 호소하고 있다. AIM과 더불어 이러한 독립 투쟁은 언젠가 되찾을 자유를 향한 부르짖음과 같다.

어스름한 푸른빛이 밝아오는 레드아울 스프링스에 도착해 보니 6시경이었다. 아침마다 반복되는 말 돌보기는 오늘도 계속 이어진다. 우선 물을 먹이고 사료나 마른 풀을 찾아 준다. 그런 후 쇠솔로 온몸을 정성스레 다듬는다. 이때 꼬리에 엉긴 털까지 빗질을 해 준다. 미국에 온 뒤 몇 번 경마장에 갔던 기억이 난다. 경주마들이 경기에 앞서 관중들에게 선을 보인다. 사람들이 어떤 말에 돈을 걸지 결정하라는 것이다. 그때 보았던 말들은 멋졌다. 사람에 비유한다면 잘 다듬어진 몸매에 고급스럽게 치장을 했

※ ibid.

다고나 할까. 그곳에서 본 경주마와 현재 나와 함께하는 원주민의 말들을 견주어 본다. 이곳에서 매일 만나는 말들은 경마장에서 보던 아주 미끈한 말들은 아니지만 생명의 원시성이 더 강하게 느껴졌다.

운디드니 학살이 있은 이듬해인 1891년 큰발 추장과 그의 부족민은 커다란 구덩이에 함께 묻혔다. 이때 누군가 큰발 추장의 머리카락을 자르고 부족민들의 소지품을 챙겨 팔았다고 한다. 이 물건들은 긴 여정을 거쳐 2000킬로미터도 더 떨어진 동부 메사추세츠 주의 한 박물관에 진열되었다. 이들의 존엄성은 박물관에 유폐되었던 것이다.

1990년 초 미국 각지에서 원주민 유물을 각 부족에게 돌려주는 반환 운동이 전개되었고 큰발 추장의 증손자인 작은손가락 레오나르드 ^{Leonard Little Finger °}는 증조할아버지의 머리카락과 부족의 물건을 돌려받으러 라코타족 지도자 두 명과 함께 동부로 긴 여행을 떠났다. 할아버지의 머리칼을 돌려받고 귀향한 레오나르드는 이제야 할아버지가 부족의 원 속으로 다시 돌아왔음을 느꼈다. 나흘간 이어진 기도를 올린 다음 티피 안에서 사슴가죽 담요에 담아온 큰발 추장의 머리카락을 꺼내고, 이를 불에 태워 공기 중으로 날려 보냈다. 티피 밖에서는 수많은 라코타 사람들이 조용히 이 광경을 지켜보고 있었다. 그들의 눈에 젊고 건장한 추장이 나타났다. 그는 티피 밖으로 걸어 나가 주변을 둘러보며 티피를 한 바퀴 돈 후 북쪽을 향해 걸어갔다. 큰발 추장은 마침내 지구의 어머니에게로 돌아가며 이승에서의 여행을 마친 것이다.

작은손가락레오나드 Leonard Little Finger
큰발 추장의 증손자 작은손가락레오나드는
큰발 추장의 머리카락과 유물을 다시 찾아내고
머리카락을 공기 중에 불태움으로써
할아버지의 영혼을 영원히 자유롭게 해 주었다.
사진은 자신이 직접 만든 큰발 추장을 기리는
조각물 앞에서 포즈를 취한 작은손가락레오나드.

도대체 무엇인가? 긴 한숨이 연이어 나왔다. 원주민들이 집단 학살당한 곳은 셀 수 없을 정도로 많다. 아주 잔인했던 1864년의 샌드크리크 학살 을 비롯해서 1970년대의 운디드니 점령 그리고 오늘날 보이지 않게 자행되고 있는 말살 정책은 여전히 원주민들의 한으로 남아 있다. 결국 이들을 구원할 수 있는 것은 미국 정부나 양심 있는 백인들이 아닌 그들 스스로가 아닐까.

12월 28일 오늘은 목적지인 운디드니에 도착한다. 출발지로부터 정확히 14일째 되는 날이다. 파인리지 보호구역에는 큰 마을이 여섯 군데 있는데 이곳에 사는 주민들이 나와서 기수들을 따뜻하게 맞이했다. 성인 남자 예닐곱 명이 큰 북을 들고 서서 북을 두드리고 노래를 부르며 14일간의 여정을 마친 일행을 환영했다. 이들의 노래와 북소리를 듣고 있으니 3년 전 처음 이곳에 와서 들었던 신년 파우와우 축제가 귓속에서 다시 살아나는 듯했다.

1864년 11월 29일 콜로라도 동남쪽 지역에서 아라파호족, 사이엔족의 거주지가 습격당한 사건. 남자들이 사냥을 떠나서 마을에는 대부분 부녀자와 어린아이들만이 있었다. 남아 있던 원주민 280명 전부가 학살당한 이 사건의 지휘관은 전직 목사인 존 치빙턴 대령이었다. 이들은 원주민의 사지를 절단하고 피부와 머리 가죽을 벗기고 여성의 성기를 잘라 말에 걸고 다녔다고 전해진다.

북소리를 듣고 있으면 생명체가 옆에서 꿈틀대는 느낌이 든다. 원주민들은 춤추는 한 살아 있다고 한다는데 이들의 춤은 마치 실존의 몸부림, 존재의 증명을 해 보이는 것 같다. 북소리와 뛰는 듯 몸을 흔드는 사람들의 모습 속에는 '살아 있다'는 외침이 가득했다. 아니 '살고 싶다', '우리는 살아 있다'는 절규가 억울하게 죽어간 조상들의 원혼과 만나는 듯했다. 네댓 살짜리 아이들도 너무나 절도 있고 맵시 있게 잘 추었다. 고수들이 이끄는 북소리는 온몸과 심장 그리고 대지를 진동하며 가슴 깊이 저며 왔다. 분명 이들은 '나는 살아 있다, 살고 싶다'는 '생명 선언'을 하고 있는 것이다.

20세기 이래 미국이 개입한 거의 모든 전쟁에는 원주민들이 동원되어 함께 싸웠다. 2차 세계대전에만도 3만 명이 참전했고 4만 명이 군수산업체에서 일했다. 미국이 일본군을 물리친 상징인 이오지마 전투에서 깃대를 세우는 다섯 명의 병사 중 한 명이 피마족 원주민 아이라 헤이즈이다. 또한 나바호 부족 출신 해병 암호병※의 활약은 미군이 태평양 전투에서 승리하는 데 주도적인 역할을 했다.※

몇 년 전 〈뉴욕 타임스〉에 실린 체첸의 그로즈니 시내 눈밭 위에 누워 있는 한 주검의 사진을 보면서 운디드니 들판에서 절규하며 죽어간 큰발 추장이 생각났다. 큰발 추장의 손자인 작은손가락존 John Little Finger은 운디드니의 생존자이다. 당시 그는 열네 살이었다고 한다. 존의 손자인 레오나드는 오늘날 파인리지 보호구역 안에 있는 오글라라 초등학교 교장이다. 그에게도 손자들이 있으니 큰발 추장의 자손들은 7대에 걸쳐

※ 니콜라스 케이지 주연의 영화 〈윈드 토커 Wind Talker〉에 자세히 나온다. 이들의 활약으로 미군은 태평양 전투를 승리로 이끌었다. 약 500명의 암호병이 전송한 내용은 단 한 번도 일본군에 노출되지 않았다. 이 암호는 나바호 언어로 되어 있었다.

나바호 축제의 암호병
나바호 가을 축제의 퍼레이드에서 만난 원주민
암호병. 그는 2차 세계대전 당시 미군 암호병으로
참전한 원주민 생존자 중 한 명이다.
원주민들은 오늘날까지 미군기지 곳곳에서
핵심 인력으로 일하고 있다.

이어지고 있는 셈이다. 내가 찾아갔을 때 레오나드는 60대 초반의 나이였다. 나에게 할아버지 이야기를 해주며 할아버지와 라코타 사람들을 생각하며 만든 조각을 보여 주었다. 조각에는 큰발 추장이 누워 있고 주변에 버팔로, 독수리, 사슴 같은 신성한 동물들과 미래의 후손을 상징하는 가족이 둘러싸고 있었다. 그는 또한 할아버지와 자신의 긴 혈연에 대해 쓴 글도 보여 주었다. 한 편의 아름다운 산문이었다.

세상 어느 누구보다도 선량했던 이들을 미국인들은 왜 죽이려만 했을까? 신대륙 발견자이자 잔인하게 원주민을 탄압했던 콜럼버스조차 스페인 왕에게 보낸 편지에서 원주민들이 평화롭고 유순하며 예의바르다고 했다. 원주민과 백인 들의 싸움은 이후 400년간 지속되었다. 19세기 남북전쟁이 끝나자 미국은 남은 중부 평원 지대를 손에 넣으려고 온갖 기만과 협잡을 동반한 무력 정복에 나선다. 1848년 캘리포니아에서 금이 발견되자 1차 포트 라라미 조약을 맺고 이를 필두로 평원을 가로지르는 수많은 도로와 철도를 건설한다. 후에 몬태나에서도 금광이 발견되자 미국 정부는 냉큼 조약을 파기하고 그곳으로 이어지는 보즈몬 도로를 만든다. 더불어 수많은 요새가 건설된다. 계속된 부당한 처사에 저항한 원주민들은 1868년 미국 정부로부터 2차 포트 라라미 조약을 받아내고 이 조약에서 영구한 영토권을 약속받는다. 조약을 바꿀 때는 성인 원주민의 4분의 3의 동의가 있어야 한다는 단서 조항까지 넣었다. 하지만 이후 커스터가 블랙힐스에서 금이 풀뿌리에도 묻어 나온다고 소문을 내자 백인 광부들이 개

미떼 같이 모여들었고 원주민은 자신의 성지를 지키기 위한 전투를 시작한다. 이들은 1876년 빅혼 강 전투에서 미군 제7기병대를 전멸시키며 승리하지만 그 뒤 미군들의 초토화 작전에 밀려 대부분 항복한다. 무장한 원주민과 그들의 말은 발견 즉시 사살되었다. 더구나 백인들의 버팔로 멸종 정책으로 더 이상 초원의 생활이 여의치 않자 원주민들은 다들 보호구역으로 들어가게 된다. 그리고 앉은소 추장은 부족민을 데리고 캐나다로 넘어간다. 백인들이 오기 전에는 더없이 풍요로운 삶을 누리던 이들은 이제 좁은 땅에 갇힌 것이다.

어느새 일행은 목적지인 운디드니에 다다랐다. 론은 운디드니가 가까워 오자 일행의 개별 행위를 규제하고 하나의 대오로 유지하게 했다. 수백 대의 차들도 일행을 뒤따르고 있었다. 킬리^{KILI} 라디오 방송국 을 지날 때는 경찰들이 행렬을 선도했다. 킬리 라디오는 파인리지에서 일어나는 모든 소식을 전달하는 곳으로 원주민들에게 중요한 소통 수단이다.

드디어 우리 일행은 14일간의 여정을 마치고 목적지인 운디드니에 도착했다. 다들 함성을 지르면서 들판으로 나아가 원을 그리며 여러 바퀴를 돌았다. 아우성 속에서 말들이 일으킨 흙먼지가 마치 안개처럼 자욱하다. 짧은 순간 희뿌연 먼지 사이로 말 달리는 수많은 사람을 본다. 북소리도 들린다. 원주민 여인들이 내뿜는 짧은 탄성이 여기저기서 터져 나온다. '여기 우리는 살아 있다'는 절규를 내지르는 것만 같다.

＊ 원주민 소유의 공영 라디오 방송국. '킬리'는 라코타 언어로 '멋지다'는 뜻이다.
www.lacotamall.com/kili

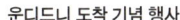

운디드니 도착 기념 행사
운디드니에 도착한 후 기념 행사를 갖는
기수들과 원주민들. 많은 환영 인파
속에서 기수들은 보름간의 여정을
무사히 끝냈음을 축하받는다.(상)
론과 그의 부인인 데보라가 박수를 받으며
환하게 웃고 있다(하).

이렇게 모두가 이 마지막 순간을 함께했다. 수많은 원주민들이 서로의 존재를 확인하고 있는 것이다. 잠시 뒤 모든 기수들이 서로 마주볼 수 있게끔 둥그렇게 모였다. 미리 목적지에 도착한 원주민 수백 명이 운디드니 언덕과 들판에서 일행을 맞이했다. 기수들이 정렬하자 북을 울리며 제의가 시작되었고 부족 지도자들이 기수들과 부족민을 향하여 연설을 시작했다.

"오늘날 우리 라코타 사람들은 보호구역에서 살아갑니다. 그러나 다음 세대의 우리 자손들은 이런 처지에서 벗어나 부족의 위상을 다시 세울 꿈을 꿉니다. 100년 전 이곳에서 어떤 일이 일어났습니까? 30년 전엔 무슨 일이 벌어졌나요? 라코타 사람들은 단 한 번도 물러선 적이 없습니다. 우리는 부족의 원을 다시 세워야 합니다. 원은 결코 부서지지 않았습니다." 맨더슨에 있는 운디드니 초등학교에서 기수들은 모두 짐을 풀고 마지막 밤을 맞이했다. 날씨까지 좋아 금상첨화였다.

론과 데나 같은 지도자들은 저녁시간에 어린 기수들에게 선물을 증정하고 이번 말 타기를 위해서 보이지 않게 애쓴 모든 이들에게 고마움을 표했다. 그리고 다함께 원을 그리며 그라운드 댄스를 추었다. 원주민 사회에서 춤은 자신을 변화시키고 나아가 세상을 바꾸는 힘이다. 100년 전 망령의 춤이 평원을 휩쓸 때 모든 원주민들은 그렇게 세상이 바뀌리라 생각했을 것이다.

말들이 고개 높이 들고

오는 것을 봐라.

말들이 흥흥거리며 온다.

말들이 온다.

말의 민족

고개 높이 들고

말들이 오는 것을 보아라.

말들이 흥흥거리며 온다.

말들이 온다.

말들이 흥흥거리며 온다 미 인종학 소장국

원은 부서지지 않는다

한 민족의 꿈이 거기 죽어 있다.
그건 아름다운 꿈이었다.
이젠 사람 간의 연줄은 끊어지고 흩어져 버렸다.
더이상 중심이라곤 없고 신선한 나무는 말라 죽었다.

검은고라니

운디드니 학살 1890년에 일어난 운디드니의 학살에 대해 설명하는 게시판.

운디드니, 상처난 무릎

Wounded Knee

어떤 것을 잃어버린 사람이 있다. 만약 그가 그 장소로 되돌아가 조심스럽게 찾는다면 그것을 발견할 것이다. 인디언이 그들에게 과거에 약속한 것을 달라고 요구할 때도 마찬가지다. 나는 인디언이 짐승 같은 대우를 받아야 한다고 생각지 않는다. 그것이 내가 이런 감정을 가지고 성장한 이유다. 내 고향은 나쁜 소문이 나 버렸지만 원래는 좋은 땅이었다. 나는 이따금씩 주저앉아 그 악명을 퍼뜨린 사람이 누구인지 물어보곤 한다.

앉은소 추장

정복의 법칙과 문명의 공정성에 따르자면 백인들이야말로 미국 대륙의 주인이다. 개척지 주민들이 최상의 안전을 누리며 살기 위해선 지금 남아 있는 인디언들을 깡그리 멸종시켜야 한다.

『오즈의 마법사』의 저자 프랭크 바움이
앉은소가 죽은 직후 신문에 쓴 글

우리는 운디드니를 점령했다. 그리고 이곳을 지킬 것이다. 전차와 대포의 공격으로 우리는 모두 죽을지 모르지만 그 순간까지 단호히 싸울 것이다. 우리는 죽음을 각오하고 있다. 이곳을 점령한 모든 원주민이 몰살당하면 보호구역의 부패와 빈곤에 관한 조사가 시작될 것이라고 믿는다.

1973년 2월 27일 운디드니 점령 후
러셀 민스가 발표한 AIM의 성명서

검은고라니 Black Elk
라코타 부족의 예언자이자 주술사였던
검은고라니는 백인들에 대항하여
리틀 빅혼 전투를 승리로 이끄는 데 일조하였다.
운디드니 학살의 생존자이기도 한 그는
이후 시인 니이하트의 구술기록을 통해
한 원주민의 뼈아픈 저항과 비극을
전할 수 있었다.

오래 전 운디드니 부근 맨더슨이라는 고장을 방문한 적이 있었다. 원주민에 관한 자료를 찾던 중 『검은고라니는 말한다 Black Elk Speaks』(1932)라는 책을 우연히 보게 되었다. 책에 담긴 검은고라니°의 이야기는 생생한 체험에 바탕한 것이라 한 구절 한 구절이 더더욱 가슴에 다가왔다. 그가 맨더슨에 살았다는 기록을 읽고 가보고 싶다는 생각이 들었고, 친구 모세스의 도움으로 그의 손녀를 만날 수 있었다. 그녀는 맨더슨에서 '베티의 부엌 Betti's Kitchen'이라는 조그만 식당을 운영하고 있었다.°

검은고라니는 성난말과 사촌지간이었고 10대의 나이에 리틀 빅혼 전투에 참여했으며, 성난말의 죽음을 가까이서 목격한 운디드니 생존자 중 한 명이었다. 그는 라코타 족의 위대한 주술사였다. 손녀의 식당에는 검은고라니와 그 가족의 사진들이 벽면을 가득 채우고 있었다. 책을 읽고 감명을 받아 그곳을 방문하는 백인들도 있다고 한다.

맨더슨은 운디드니에서 약 10킬로미터 정도 떨어져 있다. 시인 니이하트 J. G. Niehardt 가 1930년대 검은고라니를 찾아와 같이 지내며 그의 구술을 기록한 곳이다. 영어를 하지 못하는 검은고라니는 그의 아들에게 통역을 부탁했다. 니이하트는 검은고라니를 존경했고 사명감을 가지고 그의 일생을 글로 옮겼다. 니이하트 덕분에 검은고라니 또한 수많은 라코타 사람들의 운명과 고난을 후대에 남길 수 있었다. 성스러운 사람 검은고라니는 구술 작업이 끝난 뒤 니이하트와 같이 올라간 하니 봉에서 마지막으로 자신의 부족을 살려달라는 간절한 기도를 빗속에서 올렸다.

베티

베티의 부엌에 있는 베티.
운디드니 생존자이자 위대한 주술사인
검은고라니의 손녀인 베티는 맨더슨을
떠나지 않은 채 할아버지를 기리는
사진들을 부엌에 가득 걸어 놓았다.

그의 손녀딸 베티는 할아버지가 살았던 맨더슨을 떠나지 않은 채 살고 있었다. 많은 이야기를 나누진 못했지만 그녀는 미소 지으며 상대를 대하는 태도가 무척 따뜻했다. 그녀는 검은고라니가 전했던 말을 들려주었다. "오 위대한 영이시여, 저의 할아버지시여! 흐르는 눈물로 고백하나니 나무는 영원히 꽃을 피우지 못했습니다. 여기 이 애처로운 늙은이에 지나지 않는 저는 당신과 멀어져 아무것도 이루지 못했습니다. 슬픔에 잠긴 제가 미약한 목소리를 보내나이다. 오, 세상의 여섯 권능이시여! 슬픔에 잠긴 저의 목소리를 들어주소서! 다시는 부를 수 없는 목소리인지도 모릅니다. 오, 저의 겨레를 살려주소서."※

베티의 말을 머릿속으로 다시 읊으며 전날 밤 도착한 운디드니 벌판에 나선다. 300명의 한이 서린 곳, 그들이 집단 매장당한 곳, 그리고 그 후손들이 아직도 가슴에 한을 품고 있는 곳, 더불어 미국 원주민 운동의 정신을 보여주었던 곳…… 그곳이 바로 운디드니였다. 눈 앞에 펼쳐진 운디드니의 땅은 역사의 진실에 대해 침묵하는 듯했다. 하지만 말을 타고 서 있는 어린이들의 모습을 보며 새롭게 쓰일 운디드니의 역사를 상상해본다. 오전 제의가 끝나면 정들었던 친구들과 헤어져 집으로 돌아갈 것이다. 14일간의 여정 동안 많은 친구들이 생겼다. 너무 아쉬워 한 명 한 명 작별인사를 건넨다.

들판은 고요하지만 바람이 아주 거세다. 기수들은 제의를 마치고 큰발 추장 일행의

※ 한국어판 『검은고라니는 말한다』 (두레, 2002)에서 부분 인용.

비석이 있는 묘지로 올라가 크게 원을 그리며 돌아 예를 표한다. 모두들 타고 있던 말에서 내려 운디드니 학살에서 살아남은 후손들과 인사를 하며 마지막 시간을 보낸다. 지난 14일 동안 말을 타고 내려오면서 원주민 묘지를 마주칠 때마다 기수들은 그 주위를 한 바퀴 돌면서 영령들에게 참배했다.

내가 유학을 왔을 당시 미국을 비롯한 서방세계는 테러의 공포 아래 놓여 있었다. 미국이 일으킨 전쟁에 반대하는 진영이 행동에 나선 것이다. 미국은 19세기 백인들의 국가를 만들기 위해 자기 땅에서 저질렀던 모든 폭력을 지금은 전 세계를 상대로 가하고 있다. 오로지 자신들의 이익이 목적이다. 세상에서 가장 강한 군사력을 보유한 이 나라가 도덕성을 잃어버린 것이 아닐까 하는 생각이 든다. 원주민 사회에서 인간과 자연은 하나로 연결된다. 누구 하나 존엄하지 않은 인간이 있을 수 없다. 이런 원주민들에게 뭐든 계속 빼앗으려고만 드는 백인들이 이해되지 않는 것은 당연하다. 지금 이 시간에도 세계 도처에서 힘없는 소수 민족들의 생존은 위협받고 있다.

최근 미 연방정부 통계 발표에 따르면 원주민 총인구는 250만 명 정도로 전체 인구의 1퍼센트에도 못 미치는 작은 마이너리티이다. 지난 4년간 둘러본 원주민 보호구역에 대한 인상은 한 마디로 무척 가난하다는 것이다. 쓸만한 산림지대는 연방 혹은 주정부의 관리지역이고, 보호구역이 들어서 있는 곳은 농사조차 짓기 힘든 척박한 땅들이 많았다. 원주민 한 세대의 평균 소득은 연간 1500달러이다. 실업률은 평균 60퍼센

카지노
카지노는 오늘날 몇몇 원주민 공동체에서
새로운 수익사업으로 자리잡아 만성적인
가난에 시달리는 원주민들에게
또다른 생계수단이 되고 있다.

트 이상, 심한 곳은 80퍼센트를 넘어간다. 사망률, 자살률, 유아 사망률도 미국 안에서 가장 높다. 원주민의 평균 수명은 45세 정도며, 의료시설이 턱없이 부족하다. 사망의 주요 원인들은 알코올 중독과 당뇨다. 고혈압 또한 많이 앓고 있는데, 현대 의학으로도 설명이 잘 안 되는 집단 스트레스성이라고 한다. 이 밖에 에이즈도 증가 추세에 있다. 주목할 것은 당뇨와 고혈압의 원인이 과체중과 유전인자라는 사실이다. 원주민들은 대대로 체내에 지방을 축적해 왔는데 백인들에 의해 새로운 생활방식을 강요받게 되자 여러 가지 합병증이 생겨났다고 한다.

한편에선 원주민 사회를 새롭게 일으키고자 하는 움직임도 강하게 일고 있다. 나바호 보호구역에서는 농업 기계화로 생산된 곡물을 수출하여 소득을 올리고 보호구역 안에 자체적으로 리조트를 만드는 등 경제적인 부흥을 꾀하고 있다. 석유, 석탄 등 천연자원도 발견되어 개발을 서두르고 있으며 채굴료로만 큰 수익을 거두어 들인다고 한다. 이 밖에도 거의 모든 원주민 보호구역엔 크고 작은 카지노가 자리잡아 원주민 경제의 중요한 역할을 하고 있다. 최근 플로리다의 세미놀족은 뉴욕의 하드록 카페를 인수하기까지 했다.˚ 교육 분야에서도 점차 개선의 조짐이 보이고 있다. 보호구역 안에 공립 학교가 들어서서 부족한 대로 고등교육까지 이루어지고 있다. 희망의 싹은 살아 있는 셈이다.

이러한 원주민간의 자구책 외에 역사의 왜곡을 바로잡으려는 흐름도 일어나고 있다. 콜로라도 주는 샌드크리크 학살을 공식 사과하고 결의문을 채택했다. 사우스다코타 주는 10월 둘째 주 월요일인 '콜럼버스의 날'을 '원주민의 날'로 명칭을 바꾸었고, 뉴멕시코 주에서는 타오스 보호구역 원주민의 영토 반환 요구를 들어 주었다. 미국 정부의 공식 입장은 아직 우호적이지 않지만 인디언국을 통해서 보호구역 내의 교육 사업 등에 지속적으로 지원을 하고 있다. 물론 이 정도의 변화만으로 원주민들의 풍요로운 생활을 보장하진 못한다. 원주민들의 생활이 근본적으로 바뀌려면 정부 차원의 반성과 보상이 선행되어야 한다. 아니, 가해자들이 화해와 치유라는 말을 반복하며 실천하길 기대하기보다 원주민들 스스로 과거를 자각하고 단합하여 새로운 원주민 공동체를 세우는 것이 진정으로 주권을 찾는 길이 아닌가 싶다. 아직 미약하지만 그들은 땅과 인간의 힘으로 모든 것을 다시 시작하려 하고 있다. '미래를 향한 말타기'는 그런 희망을 향한 현대 원주민 사회의 발판일 것이다. 그것은 미국 정부의 정책 변화에 앞서 정신과 문화를 되살리고자 하는 오늘날 원주민들의 상징이다.

원주민들의 새로운 삶과 주권 회복은 아마도 원주민 문화와 교육에 묵묵히 힘을 쓰고 있는 학자와 예술가 그리고 영적 지도자 들의 손에 달려 있을 것이다. 내가 만난 많은 영적 지도자들은 하나같이 교육자이자 생태론자, 환경 보호주의자였다. 나바호 지역에서 만난 검은말미첼 Black Horse Mitchell 은 전통적인 주술사는 아니지만 그가 그리는 모래그림˚은 나바호 전통 공예에서 출발한 현대예술이다. 그는 고등학교와 대학에서

˚ 색모래를 뿌려 나바호족의 전통 문양을 만들어 내는 것으로 벽화에 많이 쓰인다.

버팔로손을찾는플로이드
Floyd Looks for Buffalo Hand

자신의 할아버지인 붉은구름 추장의 사진 앞에서
포즈를 취한 버팔로손을찾는플로이드.
그는 현재 원주민 문화를 새롭게 일으키고 있는
정신적 지도자로서 활동하고 있으며,
원주민의 정신세계를 다룬 『붉은 길에서 여정을 배우다
Learning Journey on the Red Road』(1988)의 저자이다.

나바호족의 언어를 가르친다. 현대문명과 인간의 자연치유에 관한 연구도 병행하며 자신의 성장 체험을 바탕으로 『기적의 언덕 Miracle Hill』(2004)이란 소설도 출판했다. 이 책은 전통적인 나바호 원주민 소년의 영적 성장 과정을 잘 보여준다.

또 한 명의 원주민 출신 학자이자 교육자인 파인리지의 버팔로손을찾는플로이드 Floyd Looks for Buffalo Hand °는 30년 이상을 라코타 전통을 살리기 위해 힘써왔던 장본인이다. 플로이드는 부족의 전통과 계시 그리고 다음 세대들이 가져야 할 정신을 가르치고 있다. 대학과 교도소를 돌며 명상과 정신치료에 관한 교육도 하는 그는 바로 파인리지의 추장이던 붉은구름의 손자이다.

최근 그는 옐로스톤 국립공원에서 버팔로 사냥 금지운동을 펼치기도 했다. 그는 또한 뉴욕의 쿠퍼 스퀘어에서 링컨 대통령, 붉은구름에 이어 세 번째 연설자로 나서기도 했다. 짧은 만남 동안 그는 나에게 라코타의 오늘날 삶과 문화에 관한 이야기를 해주었다. 많은 백인 의사나 심리학자들이 그를 방문해 원주민의 철학과 세계관에 관한 가르침을 받고 있다.

지난 시간 동안 원주민 친구들의 인간적인 면이 나를 그들 속으로 끊임없이 끌어당겼다. 그러면서 나는 그들의 영혼과도 함께할 수 있겠다는 생각을 했다. 내면의 소리가 이끄는 대로 움직인 것이다. 그 과정에서 많은 원주민들의 삶의 터전을 방문했고 함께 지냈다. 많은 이야기를 들었다. 많은 순간 놀라고 분노했으며 때로는 웃기도 했다. 일일이 열거할 수 없을 정도의 숨겨진 이야기들은 가슴 속 깊이 다가왔다. 넓디 넓은 북아메리카의 대초원 위에 원주민들은 자연과 더불어 살아 왔다. 영국을 중심으로 한 제국주의 열강들은 그들의 욕망을 충족하기 위해 원주민의 땅을 차지하기 시작했고 수백의 민족들은 점령자들의 군대와 무력 아래에서 자신의 공동체를 잃어갔다.

지난 수 세기 동안 원주민의 역사에는 절망과 파괴만이 뒤따랐다. 지난 보름간 이들과 함께한 여정은 라코타 원주민 공동체의 변화상을 볼 수 있는 기회였다. 변화의 과정은 매우 역동적이었다. 숨이 막히고 모든 것이 마비된 현실에서도 원주민들은 몸부림을 치고 있는 것이다. 이 변화의 몸짓으로 그들은 모든 지배와 속박, 억압, 차별로부터 벗어나 예전의 삶의 자유를 되찾고 그 옛날 그들의 조상이 살던 고향으로 돌아가게 되리라. 이들의 수많은 초상들이 눈밭 위로 어른거린다. 살아 있는 초상들과 죽은 초상들, 역사의 비밀을 간직한 초상들이다.

운디드니 들판 위로 눈보라가 인다. 구름 속 어디선가 북소리가 들려온다. 사람들의 발소리도 들려온다. 라코타 사람들 수천 명이 이 들판에서 손을 맞잡고 거대한 원을 만들며 함께 춤을 춘다. 땅이 울린다. 그 사이에서 나도 그들과 함께 즐거워하며 춤추고 있다. 미친듯이, 기뻐하며, 쓰러질 때까지, 멈추지 않으리……

여보게, 저게 들소 소리 아닌가?

아하, 들소가 오는구나.

올 듯 말 듯 가슴 태우더니

그에 오는구나.

야! 들소가 온다.

들소가 온다 미 인종학 소장국

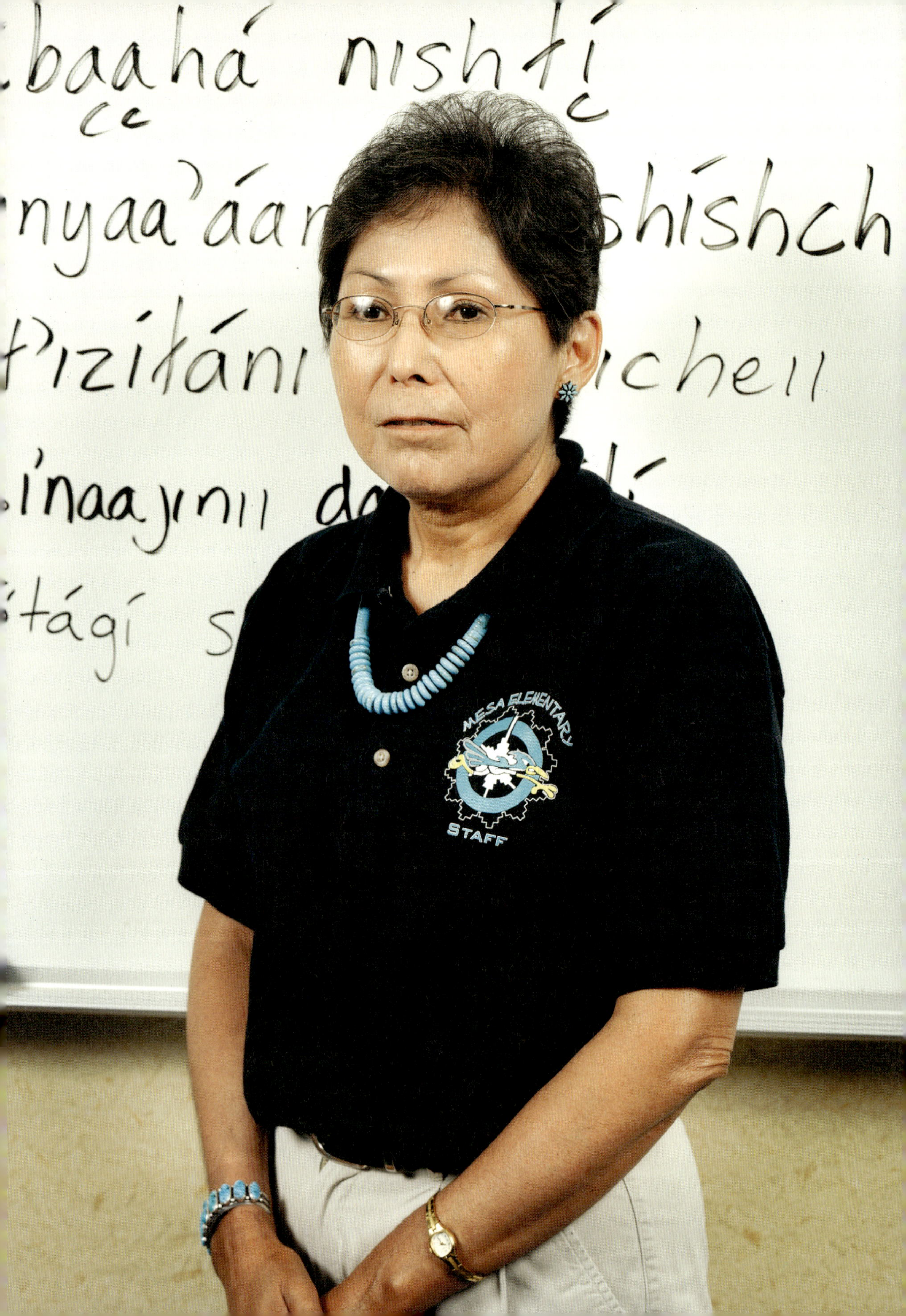
MESA ELEMENTARY
STAFF

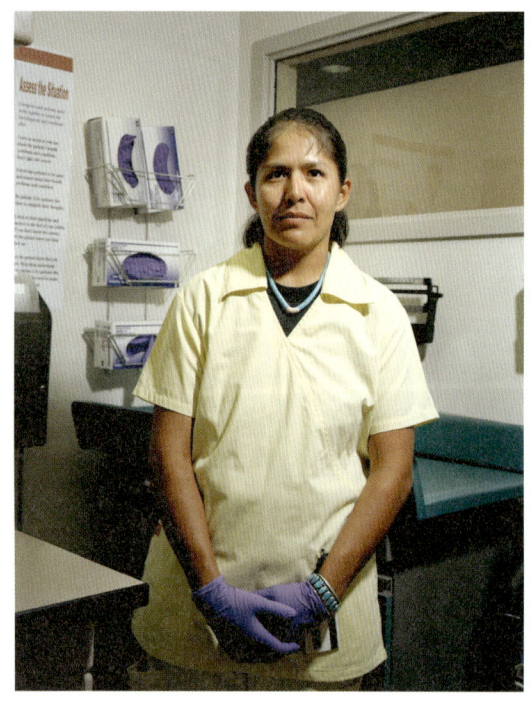

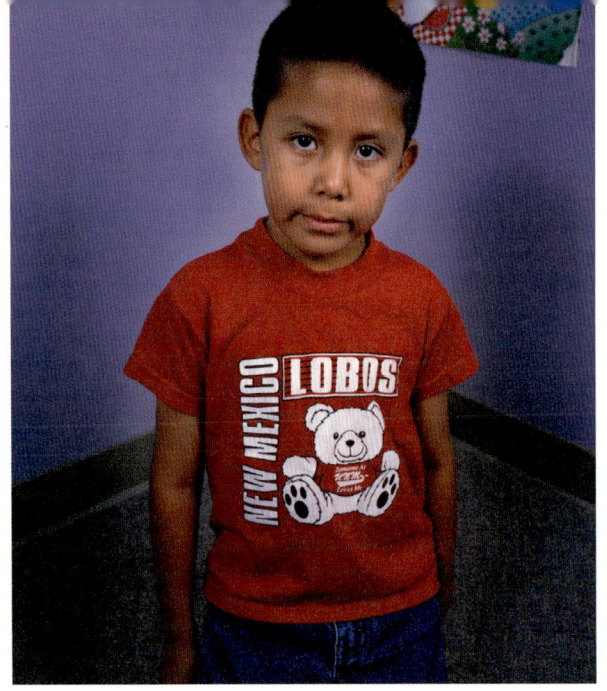

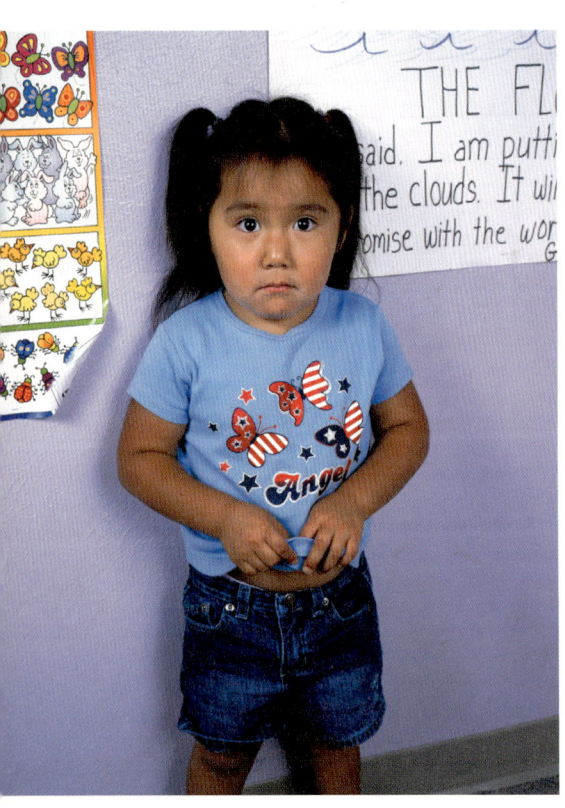

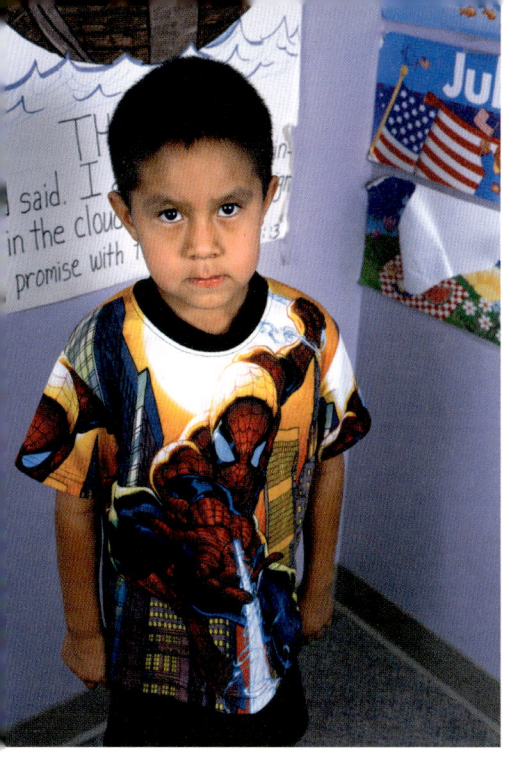

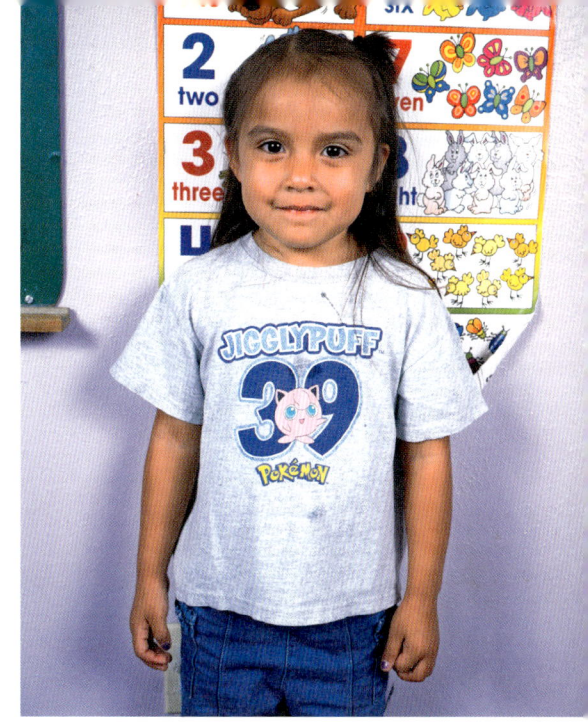

● 감 사 의 말 ●

아메리카 대륙의 모든 원주민 친구들에게 인사를 전합니다. 지난 4년간 보호구역을 방문한 낯선 이방인에게 따뜻한 우정과 너그러운 마음으로 대해준 분들에게 감사를 전합니다.

우선 나의 라코타 친구들, 스탠딩록의 론과 데보라, 불헤드의 에드가와 엘스턴 노란 귀걸이 형제, 카일의 마르셀 불베어, 샤이엔 보호구역의 데나에게 고마움을 전합니다. 수많은 원주민 친구들과 함께했습니다. 그들의 건강과 가족들의 안녕을 기원해 봅니다. 라코타의 역사를 알려준 알렛에게도 고마움을 전합니다. 러셀과 평화와조화, 그리고 빅터 아라파호에게도 감사합니다. 친구 마르셀의 가족들, 모세스와 파인리지, 오글라라, 운디드니의 여러 친구들에게도 감사합니다. 래피드시티에서 목회 활동을 하는 안맹호 선교사님도 여러 도움을 주셨습니다. 말타기 기간 중 말을 여러 번 빌려준 쉐리와 커밋 시니어에게 고마움을 전하고 같이 있게 배려해 준 샤이엔 강의 기수들에게도 고맙습니다. 포코너에 있는 폴 웨스트 목사님과 하늘나라에 있는 친구 커티스 마이너에게도 진심으로 감사합니다. 텍사스에 있는 도나도 많은 배려를 해주셨습니다. 프로젝트를 응원해 준 뉴욕의 나의 선생님 마사 로슬러와 코코, 친구 상엽, 철류 그리고 문리 형에게도 고마움을 전합니다. 2005년 9개월간의 여행 중에 보호구역으로 필름을 보내준 이승희(니키리), 변순철 그리고 조희정 조각가에게도 고마움을 전합니다. 이 작업을 하게 된 데 가장 중요한 도움을 주신 고 임순만 선생님과 장혜원

박사님께 그리움과 감사의 마음을 전합니다. 늘 임 선생님은 등대처럼 어둡고 어려운 순간마다 다시 걸을 수 있도록 길을 밝혀 주셨습니다. 든든한 나의 동지 김영철에게 고마움을 전하고 책 포맷을 만든 황일선 팀장님, 책을 만드는 과정에서 수없이 거르고 편집을 해주신 아지북스의 전가경 팀장님께 고마움을 전합니다. 머리말을 써주신 서울대학교 신문수 교수님께도 감사의 인사를 드립니다. 교정교열을 보아주신 강영규님, 번역을 해주신 김유석님, 사진 작업을 정리하도록 도와준 임형주님과 유재동님, 후배 한성필 작가에게도 고맙습니다. 뉴저지의 르네, 샌프란시스코의 친구 류수향도 많은 도움을 주셨습니다. 사진 작업에 끝없는 조언을 해주신 낙타(김우룡) 선생님과 컬럼비아 대학의 토마스 로마 선생님, 두 분께 진심으로 감사의 인사를 전합니다.

끝으로 사랑하는 부모님께, 두 분의 따뜻함과 무한한 사랑에…… 그것이 지금 나를 서 있게 하고 움직이는 힘이 됨을 알고 있습니다.

지금도 함께하는 나의 원주민 친구들, 그들과 아름답고 고통스러운 순간을 함께 나누며 서로의 아픔을 알았습니다. 그들의 얼굴은 이 세상에서 가장 아름다운 얼굴들입니다. 친구들의 말 '미타큐에 오야신(우리는 모두 동족이다)'을 늘 가슴에 품고 있습니다. 진심으로 모두에게 감사의 말을 전합니다.

2007년 5월 손승현

Acknowledgements

I would like to extend my greetings to all of my Native American friends throughout the continent. I am grateful to these friends, who welcomed a stranger into their reservations over the last four years, with warmth, friendship, and generosity.

First, I would like to thank my Lakota friends: Ron and Debora, His Horse Is Thunder in Standing Rock; brothers Edgar and Elston Yellow Earring in Bullhead; Marcel Bull Bear in Kyle; and Dena in Cheyenne. I owe so much to my innumerable Native American friends. I wish them and their families good health and joy. I would also like to thank Arlette, who alerted me to the history of the Lakota nation. My thanks go to Russell, Harmony and Peace, and Victor Arapaho as well. I am grateful to my friend Marcel's family as well as Moses and my many friends in Pine Ridge, Oglala, and Wounded Knee. Missionary Ahn Maeng-ho, who serves God in Rapid City, was of immense help. I wish to thank Sherrie and Kermit Miner, Sr., who lent me their horses on numerous occasions throughout, and the Cheyenne River riders, who kindly let us stay together. I am truly grateful to the Rev. Paul West in the Four Corners and my friend Curtis Minor in heaven. Dona in Texas showered me with so much consideration. My thanks go out to Martha Rosler, my mentor in New York City, as well as Coco Fusco, my friends Sang-yeop, Cheol-ryu and Moon Lee, who have all supported this project. My thanks go further to Nikki Lee, Byun Sun-chul and sculptress Cho Hee-jeong, who sent me films to photograph during my nine-months' stay on Indian reservations in 2005. I dearly miss and sincerely thank the late Professor Rhim Sun-man and Dr. Jang Hye-won, who provided the crucial impetus for this project. Indeed, the late Professor Rhim always shone a ray of hope before me, like a lighthouse, every time I was in despair or a deadlock, so that I could sail on again. I would like to thank my trusted buddy Kim Young-chul and to express my gratitude to designer Hwang Il-seon and editor Kay Jun at Agibooks, who put this book together. I express my gratitude also to Prof. Shin Moonsu at Seoul National University for his foreword, Kang Young-gyu for his proofreading, Kim Yoo-seok for his translation and Yim Hyung-ju, Yu Jae-dong and Han Sung-pil for their help with the photographic work for this book. Friends Renée Yon Pak in New Jersey and Ryu Soo-hyang in San Francisco, too, have been of great help. I am also grateful to "Camel" Kim U-ryong and Professor Thomas Roma at Columbia University, who offered unstinting advice on the photographic work. Finally, I would like to thank my beloved parents for their warmth and endless love because I know that, if it were not been for them, I would not be standing on my two feet right now.

My Native American friends, who are with me even at this very moment, we have felt one another's pain by spending beautiful and painful moments together. Yours are the most beautiful faces in the world. My friends, your words "Mitacuye Oyasin - We are all related" are always in my heart. I truly wish to thank each and every one.

Sohn Seung-hyun
May 2007

이어 다음 분들께도 감사의 마음을 전합니다.

Also, my heartful thanks to my following friends in America.

South & North Dakota / Standing Rock Indian Reservation

Martin Takenalive
A. J. Agard
Grasson Weasel
Mitton Brown Oiter
Samuel Ironthunder
Kermitte Miner
Joseph Parras Sr
John Eagle Shield
Hokshila Hill
Jodi Gillettte
Coral Gillette
Della Scares the Hawk

South Dakota / Cheyenne River Indian Reservation

Randall Seares the Hawk
montclair
Aaron Reddog
Pierette D. Rave
Kristi Schumacher
Kristin Circle Eagle Knife
Kristal Moren
Sheri Springer
Ira Hayes
Kirmit Reddog
Nina Schumacher
Peter Skaroupka

Leola One Feather
Albol Looking Horse

South Dakota / Rosebud Indian Reservation

Calvin Ursula Iron Shell
Erica Connors
Becky Brave Hawk
Jason Fast Dog
Summer Herman
Shula Edwards

Montana / Crow Indian Reservation

Tessia Ordway
Karmelita Plains Bull Martin
Nellie White Hip
Carmer White Hip
Sara Plain Feather

Alaska

Issac Wesley
(1/2 Inopiak, 1/2 Shimshim)

South Dakota / Pineridge Indian Reservation

Hazel Bull Bear
Chris Eagle Hawk
M.J. Bull Bear
Richard Milda

Russel Loud Hawk
Tyson Loud Hawk
Wolakota Win Blacksmith
Guss Yellow Hair
Tianna Yellow Hair
Amber Means
Brandon Ferguson
Bryson Ferguson
Floyd Looks for Buffalo Hand
Birgil Kill Straight
Scott Means
Betty Little Dog
Anna Steele
Delphine Last Horse
Michael Pretty Voice Crane
Ellishiann Last Horse
Heather Good Shield
Mary Tobacco
Louis J Janis
Michael Twiss
Scott Weston
Austin Backward III
Anpowin White Plume
Nupa & Chance White Plume
Jasper & Bernice Milk
Marvis Badcob
Pamela Red Willow
Rhonda Wilcox
Jesse Clausen
Heath Ducheneaux
Lyle Iron Horn

Cornell Convoy

Karen White Butterfly

Sylvia Tabaco

Crystal Bush

Elizabeth Looks Twice

Delphine Eagle Hawk

Darwin Clifford

Betty ORourke

Tomasine Grass

Catherine Clifford

Cassie Big Crow

Vina White Hawk

Sabrina Hodges

Michele Aldrich

Marilyn Sherman Pourier

Flint Martinez

Sunny Tallman Sr

Alex Whiteplum

Rachel Mesteth

Jacinta "Rosie" Lipp

Winston Dean Mesteth Sr.

Winston Mesteth Jr.

Sandra Mesteth

Heather Ironcloud

Dora Under Baggage

Karen Coyle

Gena Ferguson

Leonard Little Finger

Misty Sioux (Little)

Lester Davis

Todd Yellow Cloud

Jaylene Pretends Eagle

Willie Quick Bear

Reginald Cedar Face Jr.

Lois Winter

Cowii Two Bulls Fund

Serena King

Myron Janis

Francis Big Crow

Tony Wounded Hand, Sr.

Rosie Cottier

Clifford Grass

Jeanine Cottier Cold Sister

Patrick Grass

Starlite Blacksmith

Albert Cottier

Tyler Cottier

Devon Elkboy

Jaykynn Elkboy

Jerome Warrior

Barbara High Pine Pilter

Bessie High Pine

Anita & Frank Ecoffey

Hakota Winyan Freedom

Bob Benson

Ken Hant

Tom Fastwolf Jr.

Tom Fastwolf III.

Jacob Arapahoe

Maureen Lost Horse

Manty Waters

Anne Brokennose

Charlotte Arapahoe

Justina Amber Arapahoe

Sylvester Byrd

Wester A. Arapahoe

Arrow Heart Iron Cloud

Bruce Iron Cloud

Maza Hand

Dannien Brings Plenty

Trinity White Hat

Ashlynn Abbey

Drana Bull Bear

Maria Milda

Tara One Horn

Stephanie Sorbel

Nicole White Face

Jamie White Face

Lynssey New Holy

Mateja Sitting Crow

Kachel & Natalie Hand

Arianna Mesteth

Lareese Bluelegs

Lucas Ghost Bear

Elaina Redshirt

Marietta Yellow Robe

Bradley Long Soldier

Matthew O'Din

Cante Skuya Two Crow

Landar Clement

Mike One Star

Bryan Brewer

Rosemond Brokennose

Margues White Crossing River

Naca Charming Crow

Chaske Heminger

Delilah Thunder Chief

Lariah High Hawk

Cante Heminger Sisseton

Kimamana Heminger Sisseton

Angel Broken Nose

Tass Knight

Valerie Janis

Jeanne Bedell

Jason Prapeaut

Ronald Crossdog

Walter Crossdog

Kassandra Val Arcoren

Belinda Blacksmith

Katrina Broken Rope

Jorma Blindmen

James Rowland

Paul Shields

Aldoph Bull Bear

Gladys Montileaux

Tayshawn Montileaux

Brent Pinkerton DuBray

Robert Yellow Hawk

Sebastian Sage

Jerry Yellow Hawk

Mason Means

Abel Thomas

Jaylin Garrette Not Afraid

Jessie Spotted Eagle

Tara One Horn

Angie Cedar Face

Mary Short Horn

Samantha Janis

Wesley New Holy Sr.

John Around Him

Clovia Around Him

Allyssa Brave Bird

Travis Brave Bird

Francis Around Him

Chaske Heminger Flandeau

Michell Coutier

Joseph Sitting Up

Marvis "Woody" Bad Cob Jr.

Elgin Badwound

Naca Francis He Crew

Robert Two Crow

Mel Lone Hill

Louis Kills Straight

Adam Shangreaux

Chubbs Thunder Hawk

Ken Hart

Britany Poor Bear

Hermus Bettelyoun

Norma Tibbitls

Jennifer Stover

Vinny Brewer

Cody Red Wing

Donald R Ghostbear

Ramon Bear Runner

Frank Braveheart

Ernie Going

Belva Mattnews

Tamara Mattnews

Brad Mattnews

Bryan Coany

Ortiz Cidro Chavez

Imogene Roy

Monique Mousseaux

Rose American Horse

Alva Good Crow

Jesse Luke White Hawk

Nathaniel Waters

Angie Reges

Millie Sanford

Ron Duke

Renny Silva

Leo Blackfeather

William Good Shot

Jerome Brown Ball

Arlen Jenis

Marsha Tibbitts

Treon Fleury

Loinel Weston

Willerd One Horn Sr.

Juanita Scherich

NYC

Raphael Ortiz (Rutgers University)

Ardel Lister (Rutgers University)

Hyun Kyung (Union Theological Seminary)

Ai Young Choi

New Mexico

Vivian Farley

Chili Yazzie

Betsy Yazzie

Byron Isaac

Fred Yazzie

Franklin Ellison

Virginia

Rob & Karen McElhinny

South Dakota / Rapid City

Sherin Little Elk

Bob Dudley

Melda Bear Saved Life

Pierette D. Rave

Aeron Red Dog

New Mexico / Navajo Indian Reservation

Nathan J. Tohtsonoi

JoAnn Thomas

Elijah Thomas

Leticia Crisp

Carrie Cornelius

Marilyn Deal

Phil Harrison

Roselyn Yazzie

Fannie Hogue

Briana Joe

Jodie Benally

Dylan Reid

Celeste Coolidge

Kaebah Nakai

Derrick Watchroom

Rogena Benally

Muriah Tsosie

Krystal Attakai

Kelvin Benally

Kristen Estitty

Myron Denetclan

Jimmie Smith

Mannie Chee

Johnson C. Begay

Richard Redhorse Sr.

Gilbert Badonie

Karen Brown

Carale Pondio

Larry

Donald Yellowhorse

Carol Begay

Leroy Light Sr.

Ned P. Begay

John Y. Holiday

Tom A. Smith

Norman D.

Earl D. Yazzie

Herbert D. Yazzie

Marie Harvey

Pearl Nahkai

Howard Begay

Lena Tayer Nakai

Jerry Benally

Arlene Shot

Tom Reed

Michele Tsosie

Joe Shirly

Romie Hawison

Phillip Begay

Paul Barber

Wallace Begay

Chris Yazzie

Everett Lee

Alex Charle

Paul Begaye Jr.

Charles Thompson

Bryon Charles

Gaylon Yazzie

Theron Yazzie

Shannon Yazzie

Jason Yazzie

Arizona & Utah /

Navajo Indian Reservation

Mae Young Tree

Lorraine Hardy

Emmett Sloan

David Sloan

George Benally

John Acothley

Robert E. Lee

Lillie O. Lee

William Bartlett

Robert Stewart

Gail Stewart

Peter Curley

Bessie Y. Curley

George Issac Sr.

Bessie Issac

Feeye Bleker

Rosie Claw

Roye Rose Bizadi

Lena Horse Bizadi

Morris & Betty Chee Sr.

Elizabeth Simp

Alice Colorado Howard

Wilson Colorado

Joseph Manheimer Sr.

Lena Manheimer Sr.

Kee Bahe Babbitt Sr.

Pick Chee Sr.

Luck F. Yazzie

Lounie Yazzie

Rose & Hoskie Tree

Juanna Bernett

Ella M. Bernett

Lowis Yellowmen

Bernard Joe

Lasanne Joe

Wilson Yazzie

원은 부서지지 않는다
THE CIRCLE NEVER ENDS

글 · 사진 손승현

1판 1쇄 펴낸날 2007년 5월 10일
1판 4쇄 펴낸날 2010년 6월 28일

편집 · 아트디렉팅 전가경
편집 이진언
디자인 황일선
교정 · 교열 강영규
번역 김유석
마케팅 김구경

펴낸이 김영철
펴낸곳 아지북스
주소 서울시 종로구 신문로 2가 1-181
전화 02.3141.9901 **전송** 02.3141.9927
홈페이지 www.agibooks.co.kr **이메일** editor@agibooks.co.kr
등록번호 제313-2006-000155호 **등록일자** 2006년 7월 26일
인쇄 AP Korea